香精香料制备工艺及其应用研究

刘芳 / 著

国家一级出版社 中国纺织出版社 全国百佳图书出版单位

内 容 提 要

香精香料是精细化工的一个重要分支，不但是轻工业的重要配套工业，也是发展加香产品的一个基础性产业，与我们的日常生活密切相关。但国内香精香料行业在发展的同时，存在的问题也不少，如科技含量低、安全意识差等等。这些问题使我国香精香料企业面临很大的生存危机。为了更好地促进我国香料香精企业的发展，有必要对我国的香料香精产业现状进行详细的分析。基于此，本书从提高香料香精产业科技含量的角度出发，对香料香精的制备工艺以及新技术应用进行了分析。

图书在版编目（CIP）数据

香精香料制备工艺及其应用研究 / 刘芳著 . -- 北京：中国纺织出版社，2018.10

ISBN 978-7-5180-5573-9

I. ①香… II. ①刘… III. ①香精－制备－研究②香料－制备－研究 IV. ① TQ65

中国版本图书馆 CIP 数据核字（2018）第 253531 号

策划编辑：段子君　　　　责任印制：储志伟

中国纺织出版社出版发行
地址：北京市朝阳区百子湾东里 A407 号楼 邮政编码：100124
销售电话：010 － 87155894 传真：010 － 87155801
http://www.c-textilep.com
E-mail:faxing@c-textilep.com
中国纺织出版社天猫旗舰店
官方微博 http://weibo.com/2119887771
成都优印数码科技有限公司 各地新华书店经销
2018 年 11 月第 1 版第 1 次印刷
开本：170×240 1/16 印张：12.75
字数：225 千字 定价：68.00 元

前 言

香精香料产业是国民经济中食品、日化、烟草、医药、饲料等行业的重要配套产业。我国使用香料的历史可以追溯到几千年前，随着人类的进步、科技的发展，我国的香精香料行业得到了很大的发展。特别是食用香精香料，由于与我国的传统饮食文化密切相关，而得到更多的关注和发展。随着我国经济的高速发展，食品行业和日化行业也快速地发展起来，消费结构和饮食结构也在逐步发展变化，这为与食品行业和日化行业配套的香精香料行业的发展提供了难得的机遇。

发展我国民族香精香料产业，既是人们生活的需要，也是发展国民经济的需要。我国有世界上最丰富的天然香料资源，是世界上主要的天然香料生产国之一。改革开放以来，中国经济持续高速发展，作为我国轻工业重要配套产品的香精香料行业，也迎来了历史性的发展机遇，民营企业也如雨后春笋般发展起来。

但自从中国加入 WTO 以来，国际香精香料巨头纷纷进入中国，或合资，或并购，或独资办厂。由于这些国际大企业实力雄厚，民族企业在与之竞争过程中，市场份额逐步缩小。我国民族香精香料企业又由于自身的问题，使得竞争力进一步减弱。

目前，全国的民族香精香料企业约 750 家，其中国有企业约占 10%，90% 左右的企业为中小企业。国有老牌企业由于其历史悠久、品牌知名度高、质量稳定、价格低廉，而受到用户的广泛青睐，占据着主要市场份额，特别是食用香精香料市场的市场份额超过 1/3 以上。但是国有企业由于基础研究薄弱，技术含量偏低，经营手段不灵活，服务意识不强，而导致目前发展速度缓慢甚至倒退。民营企业在当前国家政策的鼓励下，发展十分迅猛，凭借其灵活的经营机制和周到的服务赢得了用户的好评，其市场份额正在不断扩大。但大多数民营企业由于经济和技术基础差，品牌知名度不好，产品质量不稳定，经营理念欠全面，从而使其继续发展困难重重。

从影响香料香精产业发展的因素来看，技术含量低、技术基础差是非常重要的一个方面。为了更好地改进香料香精的生产技术，有必要对香料香精产业的制备工艺与技术进行分析。本书围绕此，先是对香料香精的产业状态进行分析，然后对香味的生物学与化学原理，天然香料与合成香料的制备，香精的制备应用与安全控制以及新技术在香料香精制备中的应用进行了分析。

本书的撰写不但参考了众多相关的学术著作与学术论文，更是结合了笔者自己的相关研究论述相应观点。但由于我国现有研究资料的不足，作者收集的资料有限，本书还存在一定的缺陷和不足。对此，希望各位专家学者批评指正，也希望各位读者予以谅解！

作者

2018年8月

目录

第一章　绪论

香料是精细化学品的重要组成部分，它包括天然香料、合成香料和香精三个方面。随着人类社会文明程度的不断提高，人们也在不懈地追求衣、食、住、行、用及环境等方面的物质生活质量的提高。这些追求中包括人们对感官的刺激和满足。香料工业正是基于满足人们的口感和嗅觉需求而得以生存和不断发展的。香精作为一个原料配套性行业，在国民经济中占有重要地位。香料不仅可以调制各种香精，还可直接用于制造食品和药品。香料生产的优点是生产周期短、见效快、生产规模可大可小。

第一节　香精香料的定义与分类

一、香料

香料（perfume）亦称香原料，是能被嗅感嗅出气味或味感品出香味的小分子有机化合物。作为调制香精的原料，它可能是一种“单一体”，也可能是一种“混合体”。一种香料在具有一定质量规格的情况下，应具有自己所特有的香气或香味的特征。香料一般可分为天然香料和人造香料，其中天然香料又包括两种，一种为取自植物，统称为植物性天然香料；另一种取自于动物，统称为动物性天然香料；用单离、半合成和全合成方法制成的香料统称为人造香料，可分为单离香料和合成香料两大类，其中合成香料又包括半合成香料和全合成香料。

（一）天然香料

天然香料包括取自动物、植物的香料。人类认识香料和使用香料最初都是从天然香料开始。值得指出的是，天然香料至今在香料工业中仍占有无可替代的地位。

1. 植物性天然香料

植物性天然香料是指从芳香植物的花、草、叶、枝、根、茎、皮、果实或树脂中提取出来的有机芳香物质的混合物。根据它们的形态（油状、膏状或树脂状）和制法，可分为精油（含压榨油）、浸膏、净油、香脂和香树脂。由于植物性天然香料的主要成分都是具有挥发性和芳香气味的油状物，为芳香植物的精华，因此，有时也把植物性天然香料统称为精油。精油一般都是含有几十种或几百种挥发性小分子的复杂混合体系，如在保加利亚玫瑰精油中芳香性有机化合物就达200多种。

以下列出一些常见的植物性香料种类。

（1）渗出物。渗出物是植物自然生理性或病理性，以及在强制条件下分泌的天然物质，如马尾松脂，就是在其树干上用刀作切口或创伤后所流出的分泌物。此类分泌物系该植物的形成层中薄壁细胞所生，经细胞间隙、树脂道，再从切口流出的一种树脂或树胶与精油的混合物。

（2）香膏。香膏是植物由于生理性或病理性而渗出的带有香气的树脂样物质。刚从植物体流出的香膏是黏稠状液体，经过与空气接触后会逐渐硬化，一般不溶于水，全溶或几乎全溶于乙醇中，部分溶于烃类溶剂。香膏中通常含较多的苯甲酸及其酯类或肉桂酸及其酯类。如秘鲁香膏、吐鲁香膏及安息香香膏等。

（3）油、树脂、树胶。植物的天然渗出物，其中含有精油、树胶与树脂。典型的是没药油树胶树脂。此类产品部分溶于乙醇和烃类溶剂中。

（4）树脂。天然树脂可分为由植物渗出物形成，或由植物渗出物经加工制取的两种树脂。在植物渗出物中，萜类化合物经氧化而成的天然树脂多为固态和半固态物质，不溶于水，如乳香黄连木的树干、树皮、树枝等渗出的树脂，以及枫香和苏合香树脂等。由树脂渗出物经加工制取的树脂，其典型的代表如蒸去松节油的松香。

（5）精油。因具有挥发性，亦可称为挥发油。精油是以香料植物的花、叶、枝、皮、根、茎、草、果、籽及因生理性或病理性的分泌物为原料，通过存在或不存在水分情况下经水蒸馏（或干馏）、溶剂萃取、压榨、吸附或吸收等工艺提取的具有一定香气或香味特征的挥发油状（绝大多数情况下）物质的统称。精油的香气或香味常显示植物原有香气（味）的特征。

（6）冷榨精油。冷榨精油系指柑橘类鲜果实的果皮，在室温下用机械加工制得的精油，如冷榨油、冷磨甜橙油、冷磨柠檬油等。

（7）除萜精油。除萜精油通常系指部分或全部除去精油中所含单萜烯类成分后的精油。

（8）酊剂。酊剂系指在加热回流的情况下，采用一定浓度的乙醇浸提所得的天然原料，经部分浓缩或不浓缩的浸液，加以澄清、过滤后所得的制品（含有一定的水分和乙醇）的统称。

（9）浸膏。一般系由非树脂或低树脂类植物原料，采用烃类溶剂浸提法制取的一种常温下呈蜡状固体物质，有时有结晶析出，含有植物蜡质和色素，不溶于水，在乙醇中的溶解度较差。

（10）净油。为改善浸膏、香脂、香树脂和含香挥发性浓缩物在乙醇中的溶解度，高浓度乙醇加热溶解后，净油是经低温冷冻过滤脱蜡，最后在常压和（或）减压条件下回收乙醇而制得。一般说来，净油为具有特征香气的、流动或半流动的液体。

（11）香树脂。香树脂系指用烃类溶剂浸提香料植物树脂类、香膏类物质而得的不含溶剂的制品。乳香香树脂就是典型的香树脂。香树脂一般为黏稠液体、半固体或固体的均质块状物。

2. 动物性天然香料

动物性天然香料最常用的有龙涎香、海狸香、灵猫香和麝香四种，它们均为动物体内的分泌物，香气各有特色，且留香长久，特别是在香水、香粉香精中，为日用香精中最理想的定香剂。值得指出的是，这些动物香料由于资源稀少而价格昂贵，在调香中通常被人工合成品替代。表1-1列出了此四种动物性天然香料的性状及其主要化学成分，从中可以看出，这些动物性天然香料也都是一些复杂的有机气味分子的混合体系。

表1-1 动物性天然香料简介

香料名称	性状	主要化学成分
龙涎香	浅灰色到金黄色具有淡而持久的香气	龙涎香醇、琥珀酸、苯甲酸、磷酸钙、碳酸钙等
海狸香	具有浓烈腥臭的动物香气，并带有“俄国皮革”、格蓬样香气和成熟的无花果气息。稀释后有岩蔷薇的龙涎香温暖香气并带有桦焦油样的焦级熏气	海狸香素、苯甲酸、苄醇、苯乙酮、龙脑、对甲氧基苯乙酮、对乙基苯酚以及十多种含氮化合物和内酯等
麝香	浅棕色或琥珀色液体，其净油是棕色稠厚的液体。麝香的气味可划分为三类：氨味、动物气息和麝香香气	麝香酮、麝香吡喃、麝香吡啶等
灵猫香	新鲜时为淡黄色膏状半固体，遇阳光后色泽变为深棕色，净油是暗棕色黏稠状物。香气为腥臭的动物香，有甲基吲哚气息，浓时令人作呕，极度稀释时有温暖的动物浊鲜和灵猫酮香气，能扩散，留香持久	主要成分为灵猫酮、麝香酮、环十五烷酮、环十六烷酮、环十七烷酮、环十八烷酮、环十九烷酮、环十九烯酮、吲哚、1，3-二甲基吲哚以及三十多种羧酸

龙涎香是最珍贵的动物型香料之一，有“龙王涎沫”的美称，既示其珍，亦寓神奇之意。我国使用龙涎香已有悠久的历史，据称它能调和诸香，还能“聚烟”，“和香而用真龙涎焚之，一缕翠烟浮空，结而不散，座客可用一剪分烟缕”。这种独特的香气颇有神秘色彩，常用于宗教礼仪和宫殿琼阁，非常名贵。

研究表明，龙涎香实际是在抹香鲸肠内的一种病理代谢产物，类似结石。当其刚从体内排出时是柔软的，黑色的，伴有一种不愉快气味。由于阳光和海水的作用，在数年乃至数十年的漂逐中，龙涎香经历了“熟化过程”，新鲜龙涎香那种强烈的刺鼻的吲哚气、粪臭气、像死鱼样的腥臭气全消失，其黑色褪去，并失去蜡状的坚固性，成为浅灰色到金黄色具有淡而持久的香气独特的香料。龙涎香在非洲、印度、日本、新西兰海域发现较多，日本和苏联等捕鲸大国产量最大，我国南部海岸时有发现，但产量极少。

龙涎香是灰色或褐色脂肪状物质，大多数在60℃开始软化，70 ～ 75℃开始熔融，溶于乙醚和乙醇。

龙涎香具有清灵而优雅的动物香，既有麝香气息，又有特殊甜香，留香极持久，气势虽不强，但微妙柔润，能提扬而又凝聚不散，是动物香中最少动物腥臭气者，属于最名贵的香料。它可用于食品用香精和烟用香精中。

其主要成分包括龙涎香醇、琥珀酸、苯甲酸、磷酸钙、碳酸钙等。

海狸香海狸又叫河狸，不论雌雄，在其生殖器附近均有两个梨状腺囊，取其囊内物干燥即为海狸香。一般将海狸香制成5% ～ 6%的酊剂，亦可制成净油。新鲜海狸香为乳白色，日晒久藏后变为棕褐色树脂状物。

海狸香具有浓烈腥臭的动物香气，并带有“俄国皮革”、格蓬样香气和成熟的无花果气息。稀释后有岩蔷薇的龙涎香温暖香气，并带有桦焦油样的焦熏气。这种焦熏气可能是由于过去用火烘干整个香囊时造成的，因此成为海狸香香气的特征之一。海狸香香气独特，留香持久，主要用作东方型香精的定香剂，以制配豪华香水。亦可用于烟用香精和食品用香精中。

主要成分：海狸香大部分为动物性树脂，其主要呈香物质为海狸香素，此外还含有苯甲酸、苄醇、苯乙酮、左旋龙脑、对甲氧基苯乙酮、对乙基苯酚以及十多种含氮化合物和内酯等。

麝香为鹿科动物——雄麝腹部香腺的分泌物。

麝鹿生活在我国云南、西藏、新疆、青海和东北各省，印度北部、尼泊尔、蒙古和西伯利亚南部亦有分布。雄性麝鹿从2岁开始分泌麝香，10岁左右为最佳分泌期，每只麝鹿可分泌50g左右。麝香为自阴囊分泌的淡黄色、油膏状的分泌液，存积于位于麝鹿脐部的香囊，并可由中央小孔排泄于体外。

传统的方法是杀麝取香，经干燥得麝香。麝香主产于西藏、四川及云南等省，分为野麝和饲麝。野麝多在冬季至次春猎取捕获后，立即割取香囊、阴干，习称“毛壳麝香”；除去囊壳，取囊中分泌物，习称“麝香仁”。饲养麝直接从活体香囊中挖取，每年可根据麝香成熟情况，取香 1 ～ 2 次，活体取香后，动物能继续饲养繁殖，并能再生麝香，且产量较野生者为高。

麝香的主要香气成分是麝香酮（化学名为3- 甲基环十五烷酮）、5- 环十五烯酮、麝香吡喃和麝香吡啶等，它们在天然麝香中含量约为 0.5% ～ 2%。香料工业所使用的大多数为麝香酊剂，一般含量为 3%，也有 2% ～ 6%，最高有 10%。

麝香酊剂为浅棕色或琥珀色液体，其净油是棕色稠厚液体。麝香 50% 溶于水、10% ～ 20% 溶于 90% 的乙醇。麝香的气味可划分为三类：氨味、动物气息和麝香香气。

麝香香气为清灵而温存的动物样香气，甜而不浊，腥臭气少，仅次于龙涎香，带有麝香酮香气，扩散力强，留香持久，可以赋予香精诱人的动物性香韵，常用作高级香精的定香剂，也用于烟用香精和食品香精中。

目前全世界全年消耗天然麝香约 700kg，其价格在 25000 ～ 45000 美元 /kg 之间。

灵猫香是灵猫分泌腺的分泌物。

灵猫属灵猫科，品种较多，主要有大灵猫和小灵猫。灵猫主要产于非洲的肯尼亚、塞内加尔，亚洲的印度、缅甸、马来西亚和我国。我国秦岭和淮河以南各省均有小灵猫分布，大灵猫分布在云南南部和西南部、广西和华中地区。

灵猫香来自灵猫的囊状分泌腺，无须特殊加工，用刮板刮取香囊分泌的黏稠状分泌物即为灵猫香。

目前采集灵猫香的方法有三种：

（1）割囊取香。在冬季，灵猫皮质量最佳，过去常常结合猎皮割取香囊。此种香囊俗称“死香”。这种猎皮取香，类似于“杀麝取香”。一只小灵猫的香囊，最多只能挤出 1g 左右的灵猫香，极不经济。

（2）人工活体取香。在人工饲养条件下，一般 10 天或半个月人工刮香一次。所得鲜香俗称“活香”。具体方法是：把灵猫关在特制的取香笼内，让其后腿伸出门外，拎起尾巴，使其夹紧后腿，露出香囊，挤压并用光滑的小匙柄刮下香液。这种人工刮香的方法，比割囊取香有所进步，但动物受惊较大，且容易损伤香囊的腺体组织而影响产量和质量。从人力和时间上说也是不经济的。

（3）自然取香。驯化动物自动定点擦香。训练方法：先以光滑的毛竹片固定在笼中，然后用小灵猫自己分泌的香膏涂在竹片上，并以75%乙醇擦去其余地方的香膏，以后小灵猫就会自动地在竹片上擦香。每天早上收取竹片上的鲜香。一只小灵猫，每年能分泌30～50g灵猫香，而且能连续泌香数年。自然分泌的灵猫香，是成熟腺的分泌物，因此产量高，质量好。

香膏可制成酊剂，一般含量为3%～6%，最高有10%～20%，也可制成净油。

灵猫香新鲜时为淡黄色膏状半固体，遇阳光后色泽变为深棕色，净油是暗棕色黏稠状物，全溶于90%乙醇中。香气为腥臭的动物香，有甲基吲哚气息，浓时令人作呕，极度稀释时有温暖的动物浊鲜和灵猫酮香气，能扩散，留香持久。它可用于日用香精、食品用香精和烟用香精中。

主要成分：中国灵猫香的主要成分为灵猫酮、麝香酮、环十五烷酮、环十六烷酮、环十七烷酮、环十八烷酮、环十九烷酮、环十九烯酮、吲哚、1，3-二甲基吲哚以及三十多种羧酸。大环酮的存在是中国灵猫香的标志。

灵猫香香气与麝香相比更为优雅，曾经长期作为豪华香水的通用成分。

3. 烟草类天然香料

（1）烟草浸膏（tobacco concrete）。烟草浸膏系采用有机溶剂萃取任何类型烟草而制得。约于20世纪50年代后期，我国开始利用卷烟厂的下脚废料烟末，经溶剂萃取而制成烟草浸膏，用于调配烟用香精。但因烟末的来源等级混杂，质量参差不一，无法控制香味品质，尤其是经过加香的烟末，更难保持烟草的自然香味。因此，有必要选定烟草的类型品种、分级和规定的标准。在卷烟厂的支持和协助下，提供单一品种和等级及未经加香的烟筋、烟叶碎片和烟屑，用以制取有规格标准的烟草浸膏。表1-2列出了我国目前一些常用的烟草浸膏分类，从表中可以看出，烟草浸膏虽已分成了不同香型，但还只是处于使用初期，有待进一步进行规范。

表1-2 烟草浸膏分类

浸膏类型	原料
清香型	以云南大金元烟叶为原料
浓香型	以许昌、凤阳佛光烟叶为原料
中间香型	以青州烟叶为原料
晒烟型	以优质晒烟为原料
白肋烟型	以白肋烟叶为原料
香料烟型	以香料烟为原料

在我国，烟草浸膏尚属创始阶段，目前还只有白肋烟浸膏有一简单的检测指标，即能完全溶解于 6 ～ 7 倍的 90% 乙醇中，浸膏放置在 102 ～ 103℃ 环境下，24h 后失重不超过 17%。

为促进烟草浸膏的生产和使用，尽快制定出切实可行的质量规格、标准、理化常数和重要香味成分的分析数据，是十分必要的。

烟草浸膏取自烟草，因此，它作为香料添加到烟草制品中，只要配比恰当，就可使其香味香型更趋圆熟和谐。但是，如果加入烟草浸膏导致卷烟焦油、烟碱或有害物质的含量增多，就必须事前有针对性地进行必要预处理。

（2）烟草花浸膏（tobacco flower concrete）。烟草花浸膏是由贵州、云南、福建等地有关单位利用丰富的烟草花资源研制成的一种新香料，这种香料目前还没有公认的统一标准。它的香味特征为：温和的烟草花香，有似金合欢的清甜，带有蜡脂和木质香韵。味具甜奶风味及爽口的微苦后味。可用于清香型烤烟香精，提调烟香，矫正吸味。用量一般为 0.05% ～ 0.1%。

（二）人造香料

用单离、半合成和全合成方法制成的香料成为人造香料，它分为单离香料和合成香料两大类，其中合成香料又包含半合成香料和全合成香料。

（1）单离香料。单离香料为用物理或化学方法从天然香料中分离所得的单体香料。由于成分单纯，香气较原来精油独特而更有价值。例如从薄荷油中分出的薄荷脑，从山苍子油中分出的柠檬醛，从丁子香油中分出的丁子香酚，从鸢尾根油中分出的鸢尾酮等。它们既可直接用作香料，亦可用作制备合成香料的原料。

（2）合成香料。利用基本化工原料合成的香料称为合成香料（如由乙炔、丙酮等合成的芳樟醇）。合成香料工业创始于 19 世纪末，早期从天然产物中所含的芳香化合物，如冬青油中的柳酸甲酯、苦杏仁油中的苯甲醛、香荚兰豆中的香兰素和黑香豆中的香豆素等，就是人工合成香料并已实行工业化生产的典型范例。紫罗兰酮和硝基麝香等的出现，则成为合成香料发展中的重要里程碑。由于天然精油生产受自然条件的限制，加上有机化学工业的发展，自 20 世纪 50 年代以来，合成香料发展非常迅速，一些原得自精油的萜类香料，如芳樟醇、香叶醇、橙花醇、香茅醇、柠地醛等，都已先后用半合成法或全合成法投入生产，产量相当可观。此外，还有一系列在自然界未曾发现的新型香料，如铃兰醛、新铃兰醛、五甲基三环异色满麝香等，亦相继出现。这类香料对新香型香精的调配具有越来越重要的作用。目前，常用的合成香料的品种已不少于 2000 种。

值得指出的是，作为一种香料，它至少应同时具备以下条件：①要具有一定的香气或香味质量；②要符合一定的安全卫生标准；③要有一定的理化常数和规格；④要对相应的加香介质有较好的适应性和稳定性。

二、香精

（一）香精的概念及组成

香精是由多种香料调配成的混合物。各种香料沸点不同，挥发便有了先后。传统香精的定义包括三个主要方面：由多种香料按照一定配方调配出来、具有一定香型、可直接用于产品加香的混合物称为香精。传统香精的生产过程主要为各种香料和辅料的物理混合过程，不发生明显的化学反应。

现代香精的概念在某些方面已超出了传统香精范畴，在一些香精的生产过程中引入了酶工程、发酵工程以及热反应等技术，在这些香精的生产过程中，各香味前体物质发生了一系列的化学变化，生成成百上千种香味物质，构成了这些香精香味的基础。

一个完整的香精配方，应由哪些香料组成？对此主要有两种观点，国内大多数调香师认为，香精应由主香剂、和香剂、修饰剂、定香剂等四种类型的香料组成；香精中的每种香料对香精整体香气都发挥着作用，但所起作用却不同，有的是主体原料（主香剂）；有的只起到协调主体香气的作用（调和剂）；有的起修饰主体香气的作用（修饰剂）；有的为减缓易挥发香料组分的挥发速度（定香剂）。国外某些调香师则认为，香精应由头香、体香、基香等三种类型的香料组成。1954 年，英国著名调香师扑却（Poucher）按照香料香气挥发度，在辨香纸上挥发留香时间的长短，将 300 多种天然香料和合成香料，分为头香、体香、基香。他认为香精应由头香香料、体香香料和基香香料组成，并且在各种香精配方中列出了分属于这三大类的常用香料。下面将对其分别加以介绍。

（1）头香（top note）：亦称顶香，为香精中最易挥发的组分产生的香气。头香作为整体香气中一个重要组成部分，扩散能力较强，在评香纸上的留香时间在 2h 以下。

（2）体香（body note）：亦称中段香（middle note），为香精中中等挥发性组分产生的香气，是香精的主体香气，代表了香精的特征，其香气能在相当长的时间中保持稳定和一致，在评香纸上的留香时间一般为 2 ～ 6h。用作体香的香料亦不少，常用的如愈创木油、丁香油、香叶油、玫瑰精油、依兰油、香茅醇、苯乙醇和丁子香酚等。

（3）基香（basic note）：亦称尾香（end note），为香精中挥发性低的组分或某些定香剂产生的香气，留香时间长，即使干后也仍有香气，有些香气可保持几天或几周，甚至几个月。基香香料不但可以使香精香气持久，同时也是构成香精香气特征的一部分，常用的如灵猫香净油、广藿香油、麝香油等。

（二）香精的分类及应用

香精的分类方法很多，出发点不同，就可有不同的分类方法。大体可根据香型和用途分类，如以用途为目的，香精可主要分为日用香精、食用香精和烟用香精。而如以香精的形态和性质为目的，它们又可分为水溶性香精、油溶性香精和乳化香精等。现分别介绍如下：

（1）日用香精：是一类重要的日用工业产品，它是由日用香料以及辅料组成的混合物，代表了一定香精配方的日用香精不仅用于化妆品、个人和家庭卫生护理用品中，而且，在纺织品、纸张、塑料和涂料等加香型产品中，用的也是日用香精。此类香精虽涉及范围很广泛，但都是以香原料直接调配而成，不含溶剂。大都为油相液体的香精，只不过因其各种用途而有些许差异。其调配的操作方法基本是相同的。此外，由于多数香精模仿天然花香，它的组成比食品香料来得复杂，每个配方中可用到30种以上的香原料。日用香精按香型一般又可分为花香型香精和非花香型香精两类。

（2）食用香精：一种能够赋予食品或其他加香产品（如药品、牙膏等）香味的混合物，作为食品添加剂，虽然它在整个食品中的添加量很小，但它却能够赋予食品完美的风味，与人们的日常生活息息相关。

（3）烟用香精：是专供烟草制品加香矫味用的香精。烟用香精不能用于其他非烟草制品，是专供烟草工业生产的配套材料。

烟用香精归列在食用香精大类中，作为其中一个分类。但它与食品用香精有着重大的区别。加香的烟草制品（除嚼烟、鼻烟直接进入口鼻外）并非像其他食品饮料那样全部从口腔进入胃肠道消化吸收，以吸取其中的营养成分，而是在燃吸时，将烟丝经高温产生的烟气吸入人体，通过口腔、鼻腔黏膜和呼吸道传入神经中枢，起到刺激、兴奋、愉快和满足的效应，因此，烟草是否归属于食品的问题，在国际上尚有争议。

根据香精的形态，它们又可分为水溶性香精、油溶性香精、乳化香精和粉末香精，分述如下。

（1）水溶性香精。水溶性香精所用的天然香料和合成香料必须能溶于醇类溶剂中。一般是透明的液体，其色泽、香气、香味与澄清度应符合标准，不呈现页面分层或浑浊现象。常用的溶剂为乙醇或乙醇溶液。有时在水溶性香精中也用少量丙醇、丙二醇、丙三醇代替部分乙醇做溶剂。

水溶性香精广泛用于果汁、汽水、果冻、果子露、冰淇淋、烟草和酒类中。在香水、花露水、化妆水等化妆品中亦不可缺少。

（2）油溶性香精。油溶性香精是由所选用的天然香料和合成香料溶解在油性溶剂中配置而成的。一般应是油状液体，其色泽、香气、香味与澄清度应符合标准。不呈现液面分层或浑浊现象。油性溶剂分两类：一类是天然油脂，常用的有花生油、菜籽油、芝麻油、橄榄油和茶油等；另一类是有机溶剂，常用的有苯甲醇、甘油三乙酸酯等。也有的油溶性香精不外加油溶性溶剂，由香料本身的互溶性配置而成。以植物油为溶剂配置的油溶性香精主要用于食品工业中。在糕点糖果、巧克力等制造过程中，由于要加热处理，需将香料溶在油性溶剂中使用。以有机溶剂或香料之间互溶而配置成的油溶性香精，一般用在膏霜、唇膏、发脂、发油等化妆品中。

（3）乳化香精。在乳化香精中，除含少量的香料、表面活性剂和稳定剂外，其主要组分是蒸馏水。通过乳化可以抑制香料挥发。大量用水可以降低成本。因此乳化香精的应用发展较快。

乳化香精中常用的起乳化作用的表面活性剂有单硬脂酸甘油酯、大豆磷脂等。果胶、明胶、阿拉伯胶、琼脂、淀粉、海藻酸钠、酪蛋白酸钠、羧甲基纤维素钠等在乳化香精中则可以起乳化稳定剂和增稠剂的作用。

乳化香精主要用于果汁、奶糖、巧克力、糕点、冰淇淋、雪糕、奶制品等食品中，在发乳、发膏、粉蜜等化妆品中也经常使用。

（4）粉末香精。粉末香精大体可分为固体香料磨碎混合制成的粉末香精、粉末状担体吸收香精制成的粉末香精等两种类型。粉末香精广泛应用于香粉、香袋固体饮料、固体汤料、奶粉、工艺品、纺织品中。

综上所述，作为一种香精，应同时具备以下基本要求：

①要具有一定的香型、香气或香味特征；

②要有一定的香料（包括载体、溶剂和适宜的添加剂）的配比和调配工艺；

③所用的香料和其他添加物，均应为对人体是安全的或符合卫生标准的品种；

④要与加香工艺和加香介质的性质相适应；

⑤要符合规定的剂型。

第二节　香料香精的发展历史与现状

在几千年的人类发展史中，香料随着人类的进化而不断地得到开发和利用。世界上古代文明最发达的国家，中国、埃及、印度和巴比伦都已在五千年前开始使用香料。中国早在商、周时代就有了对香料使用的记载，到了唐朝以后已在宫廷中广泛使用，并传至民间，其应用的方式有悬脐作佩、剜木为球、热火为薰、煮汤而浴等。

随着科学技术的飞速发展，经过许多著名的化学家为探索物质奥妙而进行的不懈努力，到 19 世纪中叶，有机化学方面的研究有了飞跃的突破，使得 20 世纪初有许多单离香料、合成香料相继问世，与此同时，天然香料也再被迅速发觉，从而掀起了香精香料工业的飞速发展。

进入 21 世纪以后，人们的食物结构发生了巨大变化。在实现结构调整和提高经济增长的前提下，2005 年肉类加工比重已由 20 世纪 90 年代末的 4% 左右提高到 10%；粮食加工比重也由 8% 左右提高到 15% 左右。食品的结构变化与工程化，为食用香料香精的发展创造了难得的机遇。而随着我国国民经济和人民生活水平的不断提高，对香料香精产品的需求量不断增长，2010 年该类产品的产量约为 12.1 万 t。据 GB2760-2011《食品安全国家标准食品添加剂使用标准》最新公布可食用香料已增至 1853 种。由此可知，香料香精和各种加香产品耗量的多少，已经逐渐成为一个地区或国家物质文明生活和经济发展的一个侧面反映。因此，香料香精工业是我国国民经济中不可缺少的一个行业。

现在的日常生活中，每个人每天都必然会接触到许多加香产品。早上起床后洗脸、刷牙要用香皂、牙膏；化妆梳理更不用说，这些物品少了香料是不行的；一日三餐中的乳制品、蛋糕、面包等也无不含有香料；中外的烹饪菜肴也都广泛地用生姜、茴香、胡椒、桂皮等香辛料，各式饮料和香浓可口的咖啡离不开香料，洗衣、沐浴也离不开加香产品，香料真是到了与大众息息相关的地步。

而在食品行业中，随着人们对食用香精香料的需求愈加强烈，其使用量在食品行业比重也越来越大。随着人们生活水平的提高，消费者不仅追求食品的健康、营养、卫生，而且看重时尚口味，不满足于以往的传统，市场需要更多的新口味来满足人们越来越挑剔的味觉。因此食用香精在食品配料中所占的比例虽然很小，但对食品风味起着举足轻重的作用。它可以给食品原料赋香，矫正食品中的不良气味，也可以补充食品中原有香气的不足，稳定和辅助食品中的固有香气，从而满足人们对香味不断增长的要求。

与此同时，食用香精香料的应用已经从食品扩展到药品。众所周知，良药苦口利于病，人在生病时或多或少都要吃一些药。但有的药品的气味确实难以让人接受，对于儿童来说就可想而知了。通过向一些口含片、泡腾片、冲剂、口腔喷雾剂以及口服液等药品中加入苹果、荔枝、柠檬等水果香味的香精和薄荷香精，使人们在服药时能感受到水果的甜香和薄荷的清凉感，同时将药物的苦涩感降低。在保持药效的前提条件下达到了改变药品的苦涩感的目的，从而使苦口的良药变成人人能接受的可口良药，适合各年龄段的病人服用。

由此可见，随着食品工业的发展和食用香料香精应用的研究，食用香料香精的使用范围将进一步扩大。

第三节　香料香精工业的发展现状及前景分析

一、香精香料工业的发展现状

（一）国际香精香料工业的发展现状

2007 年，全球排名 10 强的香料香精公司，销售额约 137 亿美元，占全球全行业销售额的 70%（2007 年全球总销售额为 199 亿美元，2006 年全球总销售额为 180 亿美元）。全球著名的香料跨国公司有：美国的 IFF、森馨科技和曼氏，瑞士的奇华顿和芬美意，日本的高砂和长谷川，德国的德之馨，英国的花臣，法国的罗伯特等。由于这 10 强公司的力量还在巩固，销售份额也将占据更多。随着世界香料工业集团的合并和重组，这些跨国公司的销售额都大为提高，如芬美意收购了丹尼斯克的食品香精业务，大大增强了其柑橘类和乳制品类香精的生产能力，以及天然和天然等同食品香料领域的实力；而且大公司都很重视科研创新，每年的科研创新的费用是其销售额的 5% ～ 10%。因此这些跨国公司都在广招人才，改进生产条件，装备更先进的仪器设备，市场逐年扩大。各大公司都是融香精和香料于一体，视香精为最终产品，以香精占领市场的目标十分明确。

（二）国内香精香料工业的发展现状

2017年，我国生产香精香料产品的销售收入达到了660.02亿元（见表1-3）。目前，中国可生产各类香料约700种，可生产天然香料100余种（包括精油、浸膏、净油和油树脂等），所产香料香精用于国内加香产品产值约达1万亿元（其中为食品配套约达7000亿元，日用化工烟草、医药等产品逾千亿元）。我国有香料香精生产企业800余家，其中“三资”企业50余家，国际著名的香料香精生产企业已基本在中国领土上建厂落户。我国的香料香精工业已形成国内市场国际化局面，直接面对激烈的国际竞争。但是，当前中国的香料香精生产企业90%以上为中小型，年销售额亿元以上的企业仅20多家。

表1-3 2011—2017年我国香精香料行业销售收入

年份	销售收入（亿元）
2011年	469.72
2012年	497.39
2013年	546.24
2014年	631.48
2015年	621.14
2016年	664.55
2017年	660.02

目前，我国食用香料总体趋势是主要产品需求增加，产能扩大，出口品种和数量都在增长。比如我国是全球香兰素第一生产国和出口国，2012年底产能达到1万余吨，其中一半以上用于出口。此外，咸味香精发展很快，应用领域从方便面拓展到肉类，再扩展到鸡精、膨化食品、冷冻食品等领域。目前已经形成了比较完整的研究开发、生产、应用体系。国内大型的香精香料公司现都推出了各自的品牌产品，如上海孔雀、广州百花。天津春发、上海爱普、广东江大和风和广东华栋等公司都开发出了味道逼真、厚实的咸味香精，其质量可以和国外大型企业生产的咸味香精媲美。可以说，我国香精香料公司正处于一个非常年轻并快速增长的阶段。

二、我国香精香料工业存在的主要问题

目前我国香精香料公司正处于一个非常快速增长的阶段，主要存在的问题有以下几点。

（1）产品品种少、缺乏核心竞争力。世界上已知的合成香料有7000多种，我国由于科研开发不足，生产的只有1000多种。生产水平低，工艺改造缓慢，科研开发不足，大部分产品主要是以仿制为主，具有自主知识产权的产品不多，因而缺乏核心竞争力。主要原因是因为我国的香精香料行业起步晚，缺少从事香精香料行业的专业人才，香料合成技术比较落后。

（2）生产规模小、集中程度低、低水平重复建设严重。目前国内大型的香精香料公司主要有上海爱普、广州百花、天津春发、广州汇香源、杭州绿晶等，小型的香精香料公司大量存在。可见生产规模小，集中程度低，低水平重复建设问题在香精香料公司中普遍存在。

（3）生产设备水平低、工艺较为落后、深加工能力不足。在提取天然香料方面，国外一般用冷榨法和超临界二氧化碳萃取等方法，而国内主要还是水蒸气蒸馏，水蒸气蒸馏具有蒸馏时间长、得率低等缺点，难以创造高技术含量、高附加值的适应市场需求的新产品。因此，我国香料、香精工业如何在急剧变换的市场与环境条件下，建立并保持竞争优势，是一个值得探讨的课题。

（4）高级香精香料专业人才紧缺。香料香精行业是高科技行业，我国国内专门从事香精香料专业的人才欠缺。国外香料香精企业科技人员一般占职工总数的20%以上，而我国仅占10%左右。目前，国内只有上海应用职业技术学院有专门培养香精香料人才的专业。

三、我国香精香料工业的发展对策

（1）继续实行对外开放政策、积极引进外资。大力推行对外开放政策，积极引进外资，特别要重视和欢迎技术上、管理上先进，产品一流的外国公司来华合资合作。限制低水平的重复建设扩大生产能力，限制争夺资源和污染严重的项目建设。自主开发和购买先进的设备提取天然精油，如用超临界二氧化碳萃取法萃取海藻等天然精油，用分子蒸馏设备精制肉桂油等天然精油。

（2）加大行业产品结构调整力度、大力发展具有中国特色的天然香精。调

整天然香料、合成香料和香精三大类产品的比例并促进我国香精产品的发展和质量提高。鼓励对香精调配、分析、新剂型创新和应用领域的研究。特别是促进食品香精的开发，增加品种，提高质量。加大发展特色产品，发展我国香精香料行业的优势，开发肉桂油、玫瑰油、香茅油、山苍子油等具有我国特色原料的天然香精，另外大力开发作为“中国味”“民族味”的咸味香精。

（3）切实加强对高级香精香料专业人才的培养。我们要积极采取措施，一方面通过国内有关高等院校培养香料香精工业的高级专业人才，特别是高级调香人才，同时也要不断选派优秀的年轻科技人员到国外培训和深造。通过培养和实践，逐步造就一批具有高超技艺的调香师和具有国际先进水平的调香“国鼻”。

（4）有能力的龙头企业要带头走“产、学、研”结合的道路。有能力的企业要同国内外的研发机构、高等院校相结合，建立联合研发基地，强化和提升技术与科研。如华宝食用香精香料（上海）有限公司、上海爱普香料有限公司和广州汇香源有限公司等都建立起自己的研发中心，开发出具有中国特色的产品并应用与生产，其产品在市场中大受欢迎。

第二章　香味的生物学与化学原理

香味的感觉主要是嗅觉与味觉。嗅觉和味觉同视觉、听觉、触觉一样，是人类感知自然界的最有效的工具。嗅觉和味觉都是化学性感觉，鼻子的神经闻气味，舌头的味蕾识别味。二者之间密切相关，都是化学分子与感觉器官相接触产生电信号，传给大脑形成感觉。本章从生物学与化学的角度对香味进行分析。

第一节　气味的本质与分类

一、气味本质

嗅觉是一种复杂的生理感觉，它直接依赖于人们鼻腔里的嗅觉器官。重要的嗅觉器官是嗅觉小胞中的嗅细胞，一般按极性顺着一定的方向排列，表面带负电荷。当香气成分吸附在嗅细胞表面时，将使嗅细胞的表面电荷发生改变，产生微小的电流，从而刺激神经末梢呈兴奋状态，并最终传递到大脑的嗅觉区域，使人们产生判断结论。人们喜欢或乐意接受的嗅觉物质，便被称为香气成分。但是，需要指出的是，在大多数食品中，总是包含有许多种香气成分，因此，食品的香气，往往是一种混合物的嗅觉结果。这种结果，有时会因接受者的不同，产生不同的气味，是某些挥发性物质刺激鼻腔内的嗅觉神经而引起的不同感觉。嗅觉是辨别各种气味的感觉。嗅觉的感受器位于鼻腔最上端的嗅上皮内，其中嗅细胞是嗅觉刺激的感受器，接受有气味的分子。嗅觉的适宜刺激物必须具有挥发性和可溶性的特点，否则不易刺激鼻黏膜，无法引起嗅觉。其中产生令人喜爱感觉的挥发性物质称为香气；产生令人厌恶感觉的挥发性物质称为臭气。嗅感是一种比味感更复杂、更敏感的感觉现象。人类从嗅到气味物质到产生感觉，仅需 0.2 ～ 0.3s 的时间。

“入芝兰之室，久而不闻其香”，这是典型的嗅觉适应。嗅细胞容易产生疲劳，而且当嗅球等中枢系统由于气味的刺激陷入负反馈状态时，感觉受到抑制，气味感消失，这便是对气味产生了适应性。因此，在进行评香工作时，数量和时间应尽可能缩短，环境尽可能优美舒适，心情尽可能放松。

人类和动物在饥饿时的嗅觉和味觉要比饱食后要灵敏很多，但这一现象还没有得到实验数据的论证，即便是设计证明这种现象的实验也都很困难。国画大师徐悲鸿曾说过，他在留学法国期间，当饥饿和寒冷时，对世界的感知最敏感，能喷发出大量绘画的灵感。

嗅觉的个体差异很大，有嗅觉敏锐者和嗅觉迟钝者。嗅觉敏锐者并非对所有气味都敏锐，因气味而异。人的身体状况对嗅觉器官会有直接的影响，如人在感冒、身体疲倦或营养不良时，都会引起嗅觉功能降低；女性在月经期、妊娠期及更年期都会发生嗅觉缺失或过敏的现象。

接受者感觉因人而异。例如，臭豆腐所散发的气味，有人认为很香，但也有人认为很臭。

嗅觉的生理基础，给出了这样的一个大致过程，但是，具体的内容和细节仍是不甚了解，理论上的研究工作，目前也大多局限于解释闻香过程的第一阶段，进展不大。其机理尚未完全探明，但提出了许多有关嗅觉的假说，整个嗅觉理论大体上可以归纳为如下两种形式。

（1）微粒理论包括香化学理论、吸附理论、象形的嗅觉理论等。该理论认为，香气成分粒子在嗅觉器官中，经过短距离的物理作用或化学作用而产生嗅觉。

（2）电波理论即振动理论。该理论认为香气成分通过价电子振动，从而将电磁波传达到嗅觉器官而产生嗅觉。主要有以下四种学说。

①振动学说（又名放射说）：从发出气味的物质到感受到这种气味的人之间，距离远近不同，但是在这段距离中气味的传播和光或声音一样，是通过振动的方式进行的，当气味对人的嗅觉上皮细胞造成刺激后，便使人产生嗅觉。

②化学说：气味分子从产生气味的物质向四面八方飞散后，有的进入鼻腔，并与嗅细胞的感受膜之间发生化学反应，对嗅细胞造成刺激从而使人产生嗅觉。但是也有人认为在这一过程中不是由化学反应，而是由吸附和解吸等物理化学反应引起的刺激，即所谓“相界学说”。提倡这类学说的人很多，立体结构学说也包括在此范畴之内。

③酶学说：该学说认为气味之间的差别是由气味物质对嗅觉感受器表面的酶施加影响形成的。即气味分子刺激了嗅黏膜上的酶，是酶的催化能力、变构传递能力、酶蛋白的变性能力等发生了变化而形成的。不同气味之间的差别在于各分

子对酶所施加的影响不同。

④立体结构说（又称键和键孔说）：气味之间的差别是由气味物质分子的外形和大小决定的。1951 年由 Moncrieff 首先提出这样的设想，后来（1962 年）又经 Amoore 发展而成。学说认为各种气味按分子外形和电荷的不同可以分为七种基本臭：樟脑臭、醚臭、薄荷臭、麝香、花香、刺激臭（辛臭）、腐败臭。除最后两种外，其它基本臭分子到达嗅细胞后都分别嵌入感受膜上的特殊凹处（键孔）构成各种外形。

以上各种学说都是不完善的，缺乏实验根据的，各自都存在一定的矛盾，但都能解释一些具体问题。

二、气味分类

气味的种数非常多。有机化学学者认为，在 200 万种有机化合物之中，1/5 的有气味。因此，我们可以认为有气味的物质大约有 40 万种。包括天然的和合成的，其中有非常类似的气味被视为同系列。由于没有发出完全相同气味的不同物质，所以气味也是40万种左右。曾有许多学者试图对如此众多的气味进行分类。由于气味没有尺度可测定，表现方法只能用语言来描述，很不准确，因此，分类方法很多，比较著名的有三种：

（1）物理、化学分类法；

（2）心理学分类法；

（3）按照嗅盲研究进行的分类。

有一种人虽然对于一般气味具有和普通人同样的嗅觉，但是对于某些特定气味却没有感受能力，在这种情况下那种感觉不到的气味极有可能是原臭（基本臭）。嗅盲又称特异嗅觉缺失，是指仅对某种特殊的气味没有感受能力，而对其它气味则与正常人感受相同。要知道正是因为对色盲的深人研究，从而奠定了三原色的理论基础，因此我们可以有充分的理由相信这种推断是有根据的。Amoore 近年来一直从事嗅盲方面的研究，迄今为止，他已发现了“原臭”可能性最大的八种气味，并最终认为原臭的种类可能会达到 20 ～ 30 种之多。注意，臭在这里包括香气和臭气。

如果 Amoore 的研究足够完善的话，那么以后的调香工作就要简单得多，完全可以用这二三十种原臭（就能）调配出各种所需的香精。

第二节　香味感官的生理学基础

香味感官的生理学基础主要是指嗅觉和味觉。20世纪50年代以前，学术界往往将味觉和嗅觉混为一谈，有时还将味和香味错误地划分为一类。现在，由于生理学和生物学的广泛研究，使我们认识了味觉和嗅觉在解剖学、生理学以及心理学上的差异，我们不再将两种感觉混淆在一起。需要指出的是，目前香料还主要是通过人的嗅觉和味觉等感官进行检验。感官检验香味的产生主要是由鼻腔的嗅觉器官所引起的，而味则主要由位于口腔内的味觉器官（主要分布在舌部）所产生的，嗅觉的感受物质是鼻液（非鼻涕），味觉的感受物质是唾液，二者都是蛋白质和水的混合物，唾液是消化酶，鼻液是免疫蛋白。在烟草等的感官评价时，最容易忽视的嗅觉在产品评定中占主导地位。

一、嗅觉系统的组成与产生机制

（一）嗅觉系统的组成

从仿生学角度考虑，人体嗅觉感受器构成可概括为三个部分：鼻腔上皮组织，是接受气体并产生信号的第一个地方；嗅球，气体的种类通过“镜像”在这里形成；大脑皮层，信息之间的联系在这里形成并存储。气味物质就是通过这些感受器把信号传递给大脑的（图2-1）。与其他感觉相比，嗅觉系统组成的显著特点是其所属的神经直接进入大脑，而不需经过转导到达中枢神经再传至大脑。

人体嗅觉感受器位于鼻腔内一个相当小的区域（约$2.5cm^2$），我们称之为嗅上皮。嗅上皮由三种主要类型的细胞组成，即嗅感受器细胞、支持细胞和基细胞。在嗅上皮表面有一层黏膜层，覆盖着整个嗅觉系统，该层厚度10～50μm，气味分子必须穿过此层才能与感受器细胞作用。

感受器细胞是初始的双极神经元，其树突位于嗅上皮的核心区。支持细胞包围着感受器细胞树突，从嗅上皮表面观察，支持细胞呈六角形排列包围着感受器神经元，使之彼此分开，感受器细胞树突顶部与支持细胞通过在黏膜层表面上的紧密连接而束缚在一起。这种支持细胞可能具有三种功能：第一，机械功能，即保持末梢上皮表面的结构整体性；第二，分离功能，使上皮表面的黏液与细胞周围细胞外液分开；第三，障碍功能，阻止初始非脂溶性分子移过嗅上皮。相邻的支持细胞的顶部还具有缝隙连接，这种连接使支持细胞侧向联系成网。支持细胞的核区形成了嗅上皮的末端核心层。支持细胞的上部伸向嗅上皮的表面，若干短的微绒毛在此伸入黏液中，核心下柄相互靠近呈分枝状伸开足突，似张开的基膜。

形状不规则的基细胞，其核形成了最靠近上皮中部的核区并深藏于嗅上皮中。基细胞的作用并未完全定论，有人认为它是在正常细胞更新及嗅上皮复厚期间起干细胞群的作用，更新感觉上皮和恢复嗅觉功能。另外，嗅上皮内还有一种巨形多细胞体，称为鲍曼氏腺，其位于黏膜下层，为外分泌腺，经由横穿嗅上皮的分泌管道而开口于嗅上皮表面。上述所列几种细胞单元在嗅上皮中所处层次，如果简单地划分，依次为：黏膜层→感受器细胞结及轴突（由支持细胞包围）→感受器细胞核区→基细胞，鲍曼氏腺贯穿整个层次。

（二）嗅觉产生的机制

通过上述介绍，我们对人类嗅觉系统的解剖学有了初步认识，关于嗅觉的产生机制，即刺激物如何渗透进入鼻黏膜，经嗅上皮嗅感受器细胞传导进入大脑而产生嗅觉的概念，目前尚未完全研究清楚。科学家们正在应用神经解剖学、电生理学、生物化学和分子生物学等技术对此进行研究。目前已证明：能对特别的味道产生感觉是因为人的鼻里有大量的“受体”蛋白质，这些蛋白质就在鼻子的细胞里，而这些细胞与人的大脑相连。这一发现是由 2004 年诺贝尔医学奖和生理学奖的获得者，美国科学家理查德•阿克塞尔（Richard Axel）和琳达•巴克（Lynda B.Buck）发现的，他们都独立地发现了两种其他类型的 G 蛋白连接状受体，这两种受体位于鼻上皮的上端，可以探测到信息素。舌味蕾上还有另一种类型的 G 蛋白受体，而这与味觉有关。他们所进行的系列先驱性的研究向我们清楚地解释了我们的嗅觉系统是如何运作的，并确定了大脑的第一个中转站的组织构成。

两位科学家发现了一个大型的基因家族。这一基因家族由 1000 种不同的基因组成（占人类基因总数的百分之三），这些基因构成了相当数量的嗅觉受体种类，这些受体位于嗅觉受体细胞之内，这些细胞在鼻上皮的上端，可以探测到吸入的气味分子。他们的研究显示，人的嗅觉系统具有高度“专业化”的特征。比如，每个气味受体细胞仅表达出一种气味受体基因，气味受体细胞的种类与气味受体完全相同。气味细胞会将神经信号传递至大脑嗅球中被称为“嗅小球”的微小结构。人的大脑中约有 200 个“嗅小球”，数量是气味受体细胞种类的 2 倍。“嗅小球”也非常的“专业化”，携带相同受体的气味受体细胞会将神经信号传递到相应的“嗅小球”中，也就是说，来自具有相同受体的细胞信息会在相同的“嗅小球”中集中。嗅小球随后又会激活被称为僧帽细胞的神经细胞，每个“嗅小球”只激活一个僧帽细胞，使人的嗅觉系统中信息传输的“专业性”仍得到保持。僧帽细胞然后将信息传输到大脑其他部分。结果，来自不同类型气味受体的信息组合成与特定气味相对应的模式，大脑最终有意识地感知到特定的气味。因此，我们能够在春天时感觉到丁香的香味，并在其他时候记起这种香味。

两位科学家在研究中发现，每个气味感受器能识别多种气味，每种气味也能被多个气味感受器识别，因此，气味感受器是通过一种复杂的合作方式一起识别气味。每个嗅觉受体细胞只含有一种嗅觉受体，而且每个嗅觉受体细胞都只表达某一种特定气味受体基因，每个受体可以探测到数量有限的气味，我们的嗅觉受体细胞因此对一些气味很敏感。每个气味受体细胞会对有限的几种相关分子做出反应。绝大多数气味都是由多种气体分子组成的，其中每种气体分子会激活相应的多个气味受体，并会通过“嗅小球”和大脑其他区域的信号传递而组合成一定的气味模式。尽管气味受体只有约 1000 种，但它们可以产生大量的组合，形成大量的气味模式，这也就是人们能够辨别和记忆约 1 万种不同气味的原因。

二、味觉系统组成与产生的机制

味觉是指食物在人的口腔内对味觉器官化学感受系统的刺激并产生的一种感觉。不同地域的人对味觉的分类不一样。在五种感觉当中，人们对味觉的了解最少。味觉是人体重要的感觉器官，我们把味觉分为广义的味觉和狭义的味觉，广义的味觉是指食物从口腔进入消化道的过程中的感觉，包括心理的、物理的和化学的三种味觉，狭义的味觉即化学味觉，是口腔内舌面上的味蕾所感受到的味觉。本书中主要阐述化学味觉。

（一）味觉系统的组成

1. 舌部结构

谈到味觉系统，人们首先会想到舌头，因为舌头有辨别味道的功能。这种功能与它的结构密切相关，舌由表面的黏膜和深部的舌肌组成。舌肌由纵行、横行及垂直走行的骨骼肌纤维束交织构成。黏膜由复层扁平上皮与固有层组成。舌根部黏膜内有许多淋巴小结，构成舌扁桃体。舌背部黏膜形成许多乳头状隆起，称舌乳头（tongual papillae），可分为四种。

（1）丝状乳头。丝状乳头（filiform papillae）数目最多，遍布于舌背各处。乳头呈圆锥形，尖端略向咽部倾斜，浅层上皮细胞角化脱落，外观白色，称舌苔。

（2）菌状乳头。菌状乳头（fungiform papillae）数目较少，多位于舌尖与舌缘部散在于丝状乳头之间。乳头呈蘑菇状，上皮不角化，含有味蕾。固有层中有丰富的毛细血管，使乳头外观呈红色。

（3）轮廓乳头。轮廓乳头（circumvallate papillae）有 10 余个，位于舌界沟前方。形体较大，顶端平坦，乳头周围的黏膜凹陷形成环沟，沟两侧的上皮内有较多味蕾。固有层中有较多浆液性味腺，导管开口于沟底，味腺分泌的稀薄液体不断冲洗味蕾表面的食物碎渣以利味蕾不断接受物质刺激。

（4）叶状乳头。叶状乳头（foliate paillae）位于舌体后方侧缘，形如叶片整齐排列，乳头间沟的两则上皮中富有味蕾，沟底也有味腺开口。兔的叶状乳头很发达，人的叶状乳头已近退化。

2. 味觉系统组成

味觉系统可以认为由下面三部分组成：一是用于转导化学信号的受体元素；二是用于收集和传送化学神经信息的末端感觉神经系统；三是用于分析传导过来的感觉神经信息的一种复杂的中枢神经系统。转导化学信号的受体元素有两种，分别是味蕾和自由神经末梢。

（1）味蕾：味蕾（taste bud）为卵圆形小体，主要分布于舌侧缘和舌尖部，多位于轮廓乳头（circumvallatepapillae）的沟里和菌状乳头（fungiform papillae）的两侧，少数散布于软腭、咽等部上皮内。成人的舌约有味蕾 2000 ～ 3000 个，味蕾一般有 40 ～ 150 个味觉细胞构成，大约 10 ～ 14 天更换一次，味觉细胞表面有许多味觉感受分子，不同物质能与不同的味觉感受分子结合而呈现不同的味道。在显微镜下观察染色的舌部，可在菌状乳头上看到许多小蓝点，这就是味孔（taste pore），即味蕾管（到达味蕾的导管）。口腔和咽部黏膜的表面也有散在的味蕾存在。儿童味蕾较成人为多，老年时因萎缩而逐渐减少。每一味蕾由味觉细胞和支持细胞组成。味觉细胞顶端有纤毛，称为味毛，由味蕾表面的孔伸出，是味觉感受的关键部位。

口腔中不同部位的味蕾受不同的脑神经支配，舌前部的味蕾是由面神经鼓索支刺激支配；腭部的味蕾是由面神经的最表浅的硬腭支刺激支配；轮廓乳头的味蕾是由舌咽神经刺激支配。叶状乳头的味蕾通常被认为是由舌咽神经刺激支配；

不过至少有一部分是由面神经与舌咽神经共同刺激支配。喉部的味蕾是由迷走神经刺激支配。除了味觉刺激外，舌前部的味蕾是由三叉神经刺激支配。在舌后部，味觉是由舌咽神经传递。菌状乳头上以及前软腭上的味蕾受位于面部膝状神经节内的感觉神经刺激支配。

（2）自由神经末端："自由神经末端"是指可以在光学显微镜下区分出来、且不具有辨别受体或囊状物包着的神经末端。这些自口腔内提供化学受体的末梢感觉神经系统位于四种不同的头部神经节内。这四种神经节为：三叉神经节、面部膝状神经节、颞骨岩部神经节和迷走神经节。

三叉神经节含有提供口腔所有部位的自由神经末端的感觉神经，另三个神经节支配着味蕾。生理学和生理物理学对这些不同神经和神经节的功能性的研究表明：在不同神经节上的化学感觉系统，对化学物质不同的化学性能方面有选择性地反应。

（二）味觉产生的机制

舌前 2/3 味觉感受器所接受的刺激，经面神经之鼓索传递；舌后 1/3 的味觉由舌咽神经传递；舌后 1/3 的中部和软腭、咽和会厌味觉感受器所接受的刺激由迷走神经传递。味觉经面神经、舌神经和迷走神经的轴突进入脑干后终于孤束核，更换神经元，再经丘脑到达岛盖部的味觉区。

产生味觉的化学物质（也称刺激物）刺激受体元素（味蕾及自由神经末端），由末端感觉神经系统转导至中枢神经系统。传至大脑的信息经分析、判别便产生了味的概念，这可认为是味觉产生的基本机制。统计数据表明：数以千计的不同化学成分都可以产生味觉，然而我们通常所感觉到的却仅为有限的几种味，分别为甜、酸、咸、苦、鲜（氨基酸味）。

人们也一直将舌头味觉分成甜、酸、咸和苦四个区域，能品尝出"甜"味的味蕾位于舌尖；"咸"味味蕾位于舌头前部的一侧；"酸"味味蕾在"咸"味味蕾的后面；"苦"味味蕾在舌头的后半部分。

这个味觉地图蒙蔽了人们的味觉达一个多世纪之久，直到 1974 年才被证明是错误的。现在舌头能品尝出五种基本味道①已经得到确认，舌头的任何部位都具备几乎一样的品尝出这些味道的能力。近些年第六味觉"油味"引起了研究者的注意，科学家发现在味蕾区存在 CD36 蛋白质，CD36 蛋白质除了扮演清道夫受体用于结合多种蛋白质和脂蛋白外，还可以转运脂肪酸，通过对 CD36 精确定

① 甜、苦、咸、酸、鲜（氨基酸味）。

位，发现它们存在于味蕾细胞的顶面，在这里细胞可以感受到饮食中的油味。那么，味究竟怎样产生（从化学信息变成感觉信息）的呢？这个问题目前尚未定论，主要趋向两种理论解释。

1965 年，埃瑞克逊（Erickson）等从神经生理学和心理学的观点出发提出了与上述理论不同的观点。埃瑞克逊等对用描述视觉中三原色那样去假定味觉仅有四种基本味的观点提出质疑，他们使用某种溶液刺激整个舌部，并通过对解剖的个体神经元进行记录，报道了许多所谓的个体神经元对多种味呈现敏感性。有些神经元对糖和盐呈现反应，另一些对苦味物质起反应，还有一些对四种基本味觉的刺激物均有反应。

根据埃瑞克逊等的观点，我们的大脑通过神经传输可以接受大量杂乱的信息，进入大脑的信息中包含有味觉品质的信号，大脑复制下信息寻找不同神经元的信号，这样就决定了交叉神经元的刺激形式，交叉神经纤维或交叉神经单元的形式决定了味的品质。埃瑞克逊等发展起来的是一种统计模拟系统。交叉神经元是通过将刺激信号转换成味觉品质的信号而确定味。

1974 年，以卡尔•帕夫曼（Carl Pfaffmann）为首的研究小组提出了味通道理论，他们认为：人存在一套四种味觉通道与四种基本味相对应，无论分子具有什么样的化学构型，分子都以不同的强度刺激一种、两种、三种或所有四种通道。占主导地位的或具最强刺激作用的将决定味的品质，即决定是哪种味觉。所有其他的各种味觉都起源于基本味的结合。一些对不同味物质敏感性的电生理学的研究支持了该理论。

帕夫曼的观点也称信息通道理论，它的实质是认为人确实存在有基本味，甜、酸、咸、苦代表了原始味产生的基本过程，这些基本过程发生于味信息的感觉编码中。我们感觉到的味品质信息直接与味觉系统所具有的有限的味信息通道相对应。这四种基本味觉的换能或跨膜信号的转换机制并不一样，如咸和酸的刺激要通过特殊化学门控通道甜味的引起要通过受体、G 蛋白和第二信使系统，而苦味则由于物质结构不同而通过上述两种形式换能。和前面讲过的嗅觉刺激的编码过程类似，中枢可能通过来自传导四种基本味觉的专用神经通路上的神经信号和不同组合来“认知”这些基本味觉的以外的多种味觉。

第三节　香味与分子结构之间的关系研究

有机物的气味是有机物的物理性质之一，可以作为鉴定有机物的依据，那么什么样结构的化合物有香味？什么样的结构与某一类香味相关呢？这些问题一直是人们所感兴趣的研究课题。但是由于受气味物质的分子结构本身的复杂性和鉴定器官的主观性的影响，到目前为止，关于这方面的研究还很令人失望，还找不到分子结构与气味之间的相互影响的定量关系，或者说还不能确定一种能肯定地预测某种新化合物的香气特征的理论。在此只能简单地分析有机化合物分子的结构。例如，碳链中碳原子个数、不饱和性、官能团、取代基、同分异构体等因素对香料化合物气味产生的影响，从生产香料使用香料的经验出发，简单介绍香味物质的分子结构，虽然尚不能从理论的高度加以解释，但对香味化合物的合成，还有一定的指导作用。

（一）从气味预测官能团

含有相同官能团的同系物一般都具有相似的气味，如含有醇羟基（–OH）具有醇气味；含有醚基（–O–）具有醚气味；含有酯基（–COOR）具有酯气味等，因此人们一般可以通过香气来判别化合物的结构。

气味分子通常含有某些原子或原子团，这些官能团也称为发香基团。发香原子在元素周期表上常位于第 IV 至第 VI 族，其中 P、As、Sb、S、F 是发恶臭基团的原子。常见的发香团有：羟基（–OH）、羧基（–COOH）、醛基（–CHO）、苯基（C_6H_5–）、硝基（$-NO_2$）、酰胺基（$-CONH_2$）、氰基（–CN）、硫醇基（–SH）、硫醚基（–S–）、氨基（$-NH_2$）、羰基（$>C=O$）等。

低级酯类（C_6 以下）一般有轻微的果实香，可以推断出这些酯类均有共同香气、表现有共同联想。分子内酯基位置对气味影响不大。

（二）从气味预测分子的部分结构

当官能团不是单纯的置换基，而是和分子整体结构有关时，根据一定的气味预测出共同的部分结构的例子很多。

焦糖的香气使人联想到砂糖那种带有甜味的芳香，具有这种香味的化合物中

具有环状 α- 二酮体的烯醇结构：

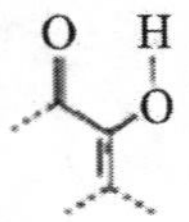

例如，

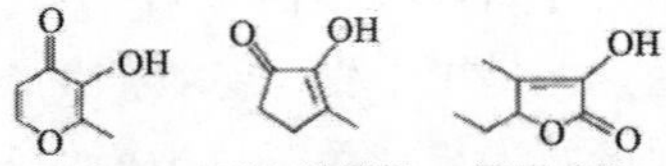

麦芽酚　甲基环戊烯醇酮　羟基呋喃酮

这些化合物都有焦糖香气，可以用作食品香料。

食品和烟草香气成分中存在有吡嗪核、吡啶核、噻唑核化合物，它们可以通过美拉德反应由糖和氨基酸转化而来。

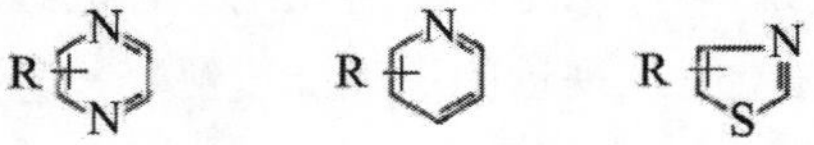

吡嗪　吡啶　噻唑

各种母核本身具有特异气味，但下列化合物却有相同的柿子椒香，这可以归结为取代基保持在杂环上相对位置一致，并且杂芳环上电子密度分布相似。有人把分子易于移动的电子分布视为共同部分结构。

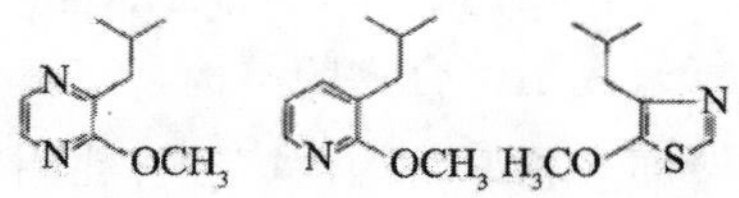

OCH_3　OCH_3　H_3CO

（三）从气味研究分子骨架结构

具有相同或相似香型的化合物并不一定都具有相同的官能团或相同的局部结构，有时分子整体骨架相同，也会具有相似的香气。例如：

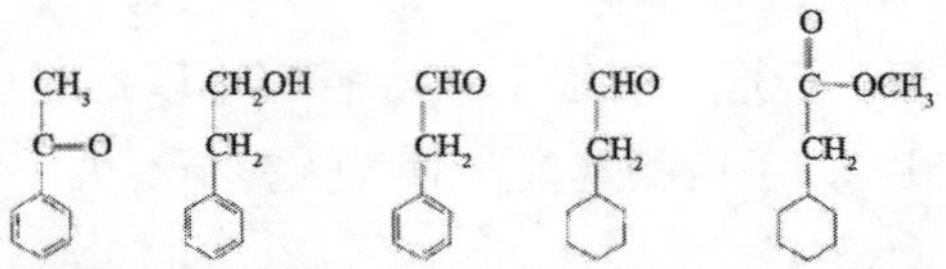

苯乙酮　β-苯乙醇　苯乙醛　环己基乙醛　环己基乙酸甲酯

上述化合物都具有强烈的相似的花香气味，它们所含有的官能团完全不同，假定苯环是花香香气的共同局部结构，就无法揭示化合物环已基乙醛和环己基乙酸甲酯也具有相似花香气味的事实。因此，只能认为环状 C_6 加侧链 C_2 的分子骨架是它们具有共同类型香气的决定因素。

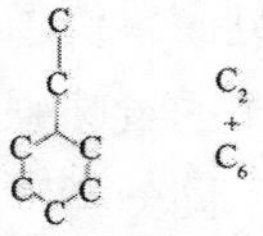

C_2 + C_6

化合物樟脑、龙脑和桉叶油素具有樟脑气味。比较三者的结构，可以发现决定它们具有相同香气的不是官能团，而是都含有刚性筐型桥环骨架结构。

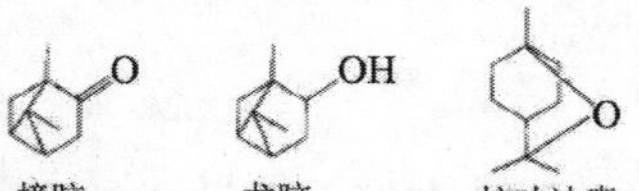

樟脑　　龙脑　　桉叶油素

Amoore 曾对 20 多种具有樟脑气味的化合物进行研究，如樟脑、六氯乙烷、3，3- 基环已醇、3，3- 二甲基环己酮、乙酸 -2，3，3- 三甲基 -2- 丁醇酯等。它们的官能团和结构均不相同，但观察它们的立体化学数据，发现其分子的几何形状和大小都很相近，这是它们具有相同气味的原因。

二、从化学结构研究气味

（一）碳原子个数和气味的关系

香料化合物的相对分子质量一般为 50 ～ 300，相当于含有 4 ～ 20 个碳原子。在有机化合物中，碳原子个数太少，则沸点太低，挥发过快，不宜作香料使用。如果碳原子数太多，由于蒸气压减小而特别难以挥发，香气强度太弱，也不宜作香料使用。

碳原子个数对香气的影响，在醇、醛、酮、酸等化合物中均有明显的表现。

（二）不饱和性和香气的关系

不饱和键也与香气有关系。在同样的碳原子个数下，相似的分子排列，分子中有不饱和键的化合物的气味较强，如果引入双键或三键的官能团，则香气增强。例如：

CH_2OH　　CH_2OH

（己醇）若果香，油脂气 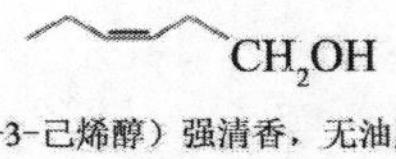　　（顺-3-己烯醇）强清香，无油脂气

CHO　　CHO

（己醛）若果香，酸败气 　　（2-己烯醛）青叶香，无酸败气

有些化合物由于不饱和度的增加，香气变得优美。芳烃有侧链时，气味加强，

有不饱和键时气味进一步加强。常见简单例子如：丙烯醛的气味强度大于丙醛；苯大于乙苯，乙苯大于甲苯又大于苯的气味强度。

β- 大马酮和 β- 二氢大马酮属于同一类型香气，有相似的分子排列，但前者香气比后优美。

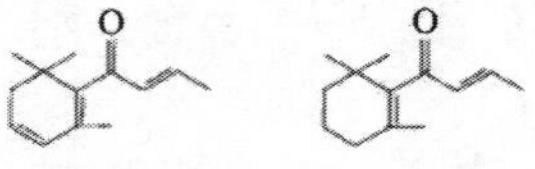

β-大马酮　　β-二氢大马酮

根据电子振动理论溶于嗅神经末梢的脂肪内的物质，受氧化还原酶作用，产生氧化还原电位，从而冲动嗅神经末梢细胞而产生嗅觉，很显然，分子中有不饱和键的物质较相应饱和物质易于被氧化，分子中有侧链的芳烃较无侧链的芳烃易于被氧化，因此，它们的气味也较强。

（三）取代基和气味的关系

在苯的行生物中，有相同的类型基团存在时，有相似的气味。在苯环上引入吸电子基（$-CHO$、$-NO_2$、$-CN$ 等），一般产生相似的气味。例如：

当 R 为 $-NO_2$、$-CHO$、$-CN$ 或 CH_3CO- 时，有苦杏仁气味。

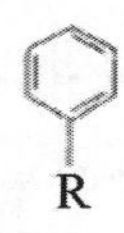

当 R 为 $-NO_2$、$-CHO$、$-CN$ 时，有大茴香气味。

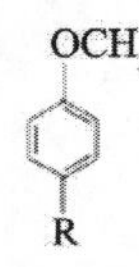

但是在其他一些化合物中，取代基对香气的影响是显而易见的，取代基的类型、数量及位置，对香气都有影响。

在吡嗪类化合物中，随着取代基的增加，香气的强度和香气的特征都有所变化。

香气特征：	强烈芳香，弱氨气	稀释后巧克力香	巧克力香，刺激性
香气阈值（ppm）：	500 000	100 000	400

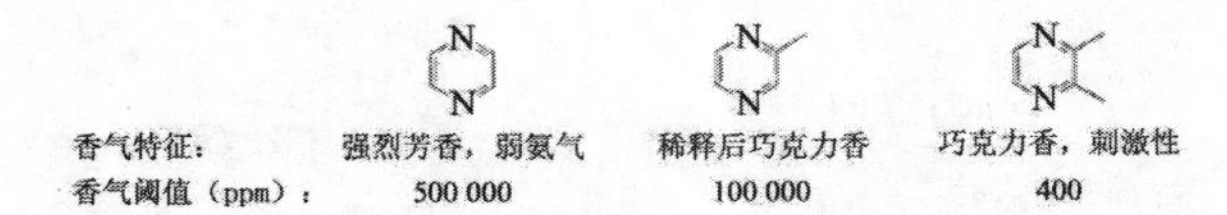

紫罗兰酮和鸢尾酮相比较，基本结构完全相同，只差一个甲基取代基，但它们的香气有很大差别。

α-紫罗兰酮
紫罗兰花香

α-鸢尾酮
鸢尾根香

（四）异构体和香味的关系

异构现象包括碳干异构、位置异构、几何异构和光学异构，光学异构又有对映异构和非对映异构之分。下面分别对这几种异构体与气味之间的关系做些简介。

1. 碳干异构体的香味

一般地讲，有侧链的异构体比无侧链的异构体香味强且悦人（表2-1）。但脂肪族酯类化合物中，碳干异构体之间的气味无显著差异（表2-2）。

表2-1　碳干异构体气味

直链异构体	气味	支链异构体	气味
正壬醛	似玫瑰香气	2，6－二甲基庚醛	较正壬醛悦人
正十二醛	不愉快的油脂气	α－甲基十一醛	强的橘橙果香
正十四醛	几乎无气味	2，6，10－三甲基十一醛	合金花的愉快香味
正丁醇	汗臭酒气	α－甲基丙醇	略似丁醇而清快，臭气较前者轻
正戊醇	略带果香	α－甲基丁醇	似戊醇略带果香
正癸醇	蔷薇香气	3，7－二甲基辛醇	显著的蔷薇香气
丁酸	酸败奶油气	异丁醇	似正丁酸气味
己酸	腐臭气味	α－甲基戊酸	甜香气味
丁酸苯乙酯	玫瑰香	异丁酸苯乙酯	优雅玫瑰香

表2-2　脂肪酯碳干异构体气味

正构体	香气	异构体	香味
乙酸丁酯	稍强醚香－鲜果香	乙酸异丁醋	稍强醚香－鲜果香
乙酸丙酯	微弱醚香	乙酸异丙醋	微弱醚香
乙酸戊酯	强的梨香	乙酸异戊酯	强的梨香
乙酸己酯	强的梨－鲜果香	乙酸异己酯	强的梨－鲜果香
乙酸癸酯	微弱的柠檬香	乙酸异癸酯	微弱的柠檬香
异戊酸丁酯	苹果香	异戊酸异丁酯	苹果香

2. 位置异构体的香味

大多数化合物与它相应的位置异构体有类似的香味（表2-3），也有少数例外，例如：

表 2-3 位置异构体的香味

正构体	香味	异构体	香气
小茴香酮	似樟脑气味	异小茴香酮	似樟脑气味
薄荷酮	薄荷油香气	香芹薄荷酮	气味似薄荷酮
丁香酚	丁香气味	异丁香酚	弱的优雅丁香气
甲基丁香酚	稍淡的丁香气	异甲基丁香酚	优雅的香气
黄樟油素	似黄樟气味	异黄樟油素	弱的黄樟气味
α- 水芹烯	有鲜松树气	β- 水芹烯	有鲜松树气
柠檬烯	似橙香气	苏格兰极油精	似橙气味
β- 甲基紫罗兰酮	紫罗兰香气	α- 甲基紫罗兰酮	较β- 甲基紫罗兰酮优美的紫罗兰香
β- 紫罗兰酮	紫罗兰香气	α- 紫罗兰酮	更令人喜爱的紫罗兰香
α- 甜橙醛	甜橙香气	β- 甜橙醛	甜橙香气
β- 二氢大马酮	清 - 甜玫瑰香	α- 二氢大马酮	似β- 甲基紫罗兰酮的香气
3- 新铃兰醛	铃兰花香	4- 新铃兰醛	铃兰花香

3. 几何异构体的香味

由天然植物中分离出来的链状不饱和醇或醛一般是顺式结构，因为它们是由生物合成的全顺型天然脂肪酸衍生而来的。研究发现，从自然界获得的顺式体的香气通常较柔和，而人工合成的反式体的香气较浓重（表 2-4）。例如，化合物橙花醇为顺式具有轻柔的橙花型香；香叶醇为反式，具有浓重的玫瑰香，它们的衍生物乙酸酯和乙基醚的香气也同样符合这一规律。

表 2-4 几何异构体的香味比较

反式	香味	顺式	香味
香叶醇	玫瑰香	橙花醇	更细腻的玫瑰香
反 - 茉莉酮	茉莉花香	顺 - 茉莉酮	更诱人的茉莉香
反 - 灵猫酮	似灵猫香	顺 - 灵猫酮	优雅的灵猫香
反 -2- 甲基丁烯酸	食品香气，刺鼻	顺 -2- 甲基丁烯酸	食品香气
反 -2.3.8- 三甲基 -2.7- 壬二烯醇	玫瑰香	顺 -2.3.8- 三甲基 -2.7- 壬二烯醇	较反式优雅
反 - 对 - 叔丁基环	优美花香	顺 - 对 - 叔丁基环	香气更佳
反 - 玫瑰醚	玫瑰花香	顺 - 玫瑰醚	更细腻
反 -3- 己烯醛	油脂青气	顺 -3- 己烯醛	青气
反 - 叶醇	青草香	顺 - 叶醇	更雅

4. 差向异构体的香味

差向异物体之间气味本质是相同的，但香气强度有差异。例如，在分子中具有竖键的醇类比具有横键的异物体有更强的气味，尤其在檀香和麝香类香料中表现更为突出（表2-5）。

表2-5 差向异构体的气味

竖键异物体及香气	平伏键异物体及香气
 OH 强烈檀香气	 OH 无香气
 OH 强檀香气	 檀香香气 OH
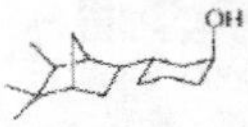 OH 很强檀香气	 OH 檀香香气
 强麝香气 OH	 HO 弱麝香气
 麝香香气 OH	 HO 无麝香香气

5. 光学异构体的香味

长期以来，由于光学纯的对映体难以获得，对气味与对映异构体的关系研究较少，一直误以为影响甚微或无影响。随着色谱分离技术的发展，光学纯的对映异构体已经容易获得。研究发现：对映异构体对气味是有影响的，有时很明显。光学异构体之间的香味，目前尚未总结出明显的规律性，有些对映体之间呈现的香气相同，但气味强度上有差异，有些对映体之间呈现明显不同的香气特征（表2-6）。到目前为止，没有发现在光学异构体中一种有气味而另一种没有气味的报道。

表2-6 光学异构体的香味

化合物	(−) 异构体的香味	(+) 异构体的香味
薄荷醇	清凉感	很弱清凉感
圆柚酮	柚子香气	强的柚香气
岩兰酮	木香香气	强的木香香气
柠檬烯	石油样香	橙油香气
香芹酮	留兰香样香	黄蒿样气味
芳樟醇	木香兼薰衣草香	橙叶兼薰衣草香

6. 非对映异构体的香味

由于碳环上3个取代基在空间的相对位置不同，薄荷醇的4种非对映异构体[①]。它们的气味也不相同。这种非对映异构体之间气味有差异的现象是普遍存在的，有时还会出现一个异构体香气很浓，另一个异构体完全无气味的现象。

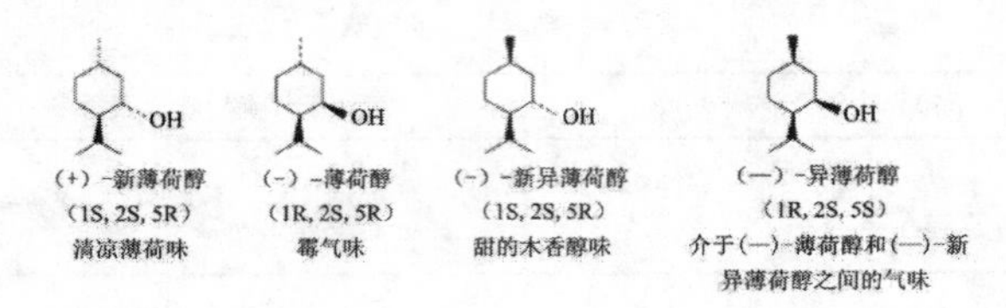

第四节　结构气味关系研究基础

利用计算机来研究香料分子结构的物理参数与其香气的相关性是香料化学家的目标，通过计算分子的立体模型、键长、键角、氢键的形成和形状等，并试图找出这些分子结构物理参数与各自香气的相关性，再设计出分子结构物理参数相近的化合物以求得到具有类似香气特征的新香料。

分子的结构气味关系（structure odor relationship，SOR）研究是定量结构与活性关系（quantitative structure activity relationship，QSAR）研究的分支之一。结构气味关系研究是通过数学模型来描述分子结构和分子的气味特征之间的相互关系，其基本假设是化合物的分子结构包含了决定其物理、化学及生物等方面的性质信息，而这些性质信息进一步决定了化合物的某一特性，如气味特征。

一些在香料生产和使用过程中总结出的经验规律，在一定程度上反映了部分的分子结构气味关系，但是尚未形成具有一定预测能力的理论。在这些经验基础之上，科研人员也尝试了用QSAR的思想来研究这一问题，力图通过数理统计的手段挖掘出分子结构与气味间的秘密。下面将简单介绍分子结构气味关系研究的基本方法。

一、分子结构描述方法

分子结构气味关系研究的第一步就是将香味化合物的化学结构表达成能被

① （+）-新薄荷醇，（—）-薄荷醇，（—）-新异薄荷醇，（—）-异薄荷醇。

计算机识别的数字信息，同时，这些数字信息能够在一定程度上反映化合物的物理化学、生物活性等。分子结构描述信息又称为分子结构描述符，简称描述符，可以由基于一定规则的数学计算或模拟得到，如分子量、分子体积、极性、电负性等，也可以通过一定的实验测定获取，如溶解性、折射率、蒸气压等。到目前为止，一个分子的结构可通过数千个描述符来表达，当然，这些描述符中有许多都具有高度的关联性。

自分子结构气味关系研究开展以来，人们试图从各个角度去挖掘与分子气味特征相关的结构信息，先后采用了元素或官能团组成及位置信息、分子连接数信息、分子拓扑信息、分子的物理化学性质、3D结构信息、电荷分布、量子化学信息等多类型的描述符。例如，Renata等利用拓扑指数研究了脂肪酯类化合物的结构气味关系，发现电荷拓扑状态指数、羰基功能团以及最高占据分子能级轨道等因素对化合物气味有重要影响。到目前为止，尽管还没有建立起一套完整的结构气味关系理论，即不能通过分子结构完全准确地预测其气味特征。但是，通过对结构气味关系的研究人们发现了一些规律，特别是对一些特定类型的香味或结构（如麝香类香料化合物）的研究取得了较大的进展。

二、香味特征描述方法

制约分子结构气味关系研究的一个瓶颈在于很难对香味化合物的气味特征进行准确的描述。尽管目前的研究表明，从嗅觉的生理机制的角度来看相同的香味化合物在嗅觉系统中将会产生相同的感官刺激。但是，由于一个香味化合物在表达主体气味特征的同时往往还伴随着一些其他气味，而且人在感知气味的过程中还容易受到心理因素、生理因素以及词汇表达等方面带来的影响。因此，对一个香味化合物的气味特征描述往往存在一定的差异性，有时甚至有明显的不同，这些都给分子结构气味关系研究的数据采集带来困难。

目前常用的气味描述方法一般从气味类别、强度、留香能力等几个方面进行。气味类别的描述是通过有经验的调香师在特殊的环境中通过对气味化合物的感知并以语言表达的形式对香味类别进行文字描述，比如清新的茉莉花香、浓郁的果酒香、恶心的腐败味等。泰华香料香精公司创办的调香学校里，为了让学生记住各种香料的气味描述，还创造了一套“气味ABC”教学法，该法将各种香气归纳为26种香型，分别是橘、果、鸢、玫、铃、茉、兰、青、冰、麻、樟、松、木、芳、辛、药、焦、酚、土、苔、霉、乳、酸、食、菜、溶、腥、臊、麝、膏、脂、豆，并按英文字母A，B，C…排序，然后将各种香料和香精、香水的香气用“气味ABC”加以“量化”描述，对于初学者来说比较容易掌握。例如，白木香油可被表示为20%的玫瑰花香、70%的木香和10%的土壤香，利用“气味ABC”表可以直观地对香料的气味特征有个了解，同时便于在需要的时候查找气味特征合适的替代香料。

香料的留香能力一直是调香师所关注的一个性质，在香精调配中起着重要的作用。对于香料留香能力的描述也有很多种，其中有名的是基于“头香、基香、体香”的朴却气味分类表。朴却根据香料的留香能力，将放置一天后还让人感知到香味的留香能力定为1，依此类推，直到100天或以上都还能感知到香味的均定为100。

三、建模方法

在分子结构信息转化为一定的结构描述符以及获得分子的香味特征指标之后，建立结构描述符与化合物气味特征关系模型，就需要借助模型学习算法来实现。化学家已经将各种不同的统计学建模算法成功运用于QSAR/SOR研究领域。可以将分子结构描述符构成的矩阵信息看成构效关系模型中的自变量，化合物生物活性或理化性质为构效关系中的因变量，而这也是符合构效关系研究的基本假设，即相似的分子结构具有相似的化学性质或生物活性。构效关系中统计学方法的引入，则是为了尽可能地揭示因变量和自变量也就是结构描述符和活性性质之内在函数关系。

由于绝大多数的构效关系模型都比较复杂，属于广义上的灰色体系概念，也就是说，除了模型目的参数，即生物活性或理化性质参数是有明确定义外，模型的维度、线性与非线性、构效关系模型的适用范围等关键因素都预先未知，所以在实践中，经常有必要采用多种统计学的建模方法，进行对比和验证，来尽可能接近真实的构效关系特征，并对化合物的生物活性或理化性质进行较为准确的预测。

目前应用在QSAR/QSPR研究领域的统计学方法主要包括线性方法、非线性方法、集成学习方法等三类。线性方法主要有多元线性回归、主成分回归、偏最小二乘法等；非线性方法主要有最近邻方法、分类回归树、支持向量机、人工神经网络等；集成学习方法主要有随机森林、自助（bootstrap）集合法、助推法（boosting）等。这些模型统计学方法的应用，极大地推动了QSAR/QSPR研究的进展。不同的模型方法虽然都经过了一定阶段的发展，具备了较为完善的理论体系，但是，在实际应用中，模型之间的拟合精度、预测准确性以及运行效率还是存在一定的差别。

四、SOR 研究实例

（一）脂肪族酯类的结构气味关系

脂肪族酯类是一类重要的水果味香味化合物，同时也是分子结构气味关系研究的主要对象。1983 年，Boelens 就将 106 种酯类化合物根据其对苯代环氧丙酸乙酯的水果味强度进行了排序，并利用多元分析方法尝试将分子结构与水果味特征的排序结果相关联。随后，在 1986 年，Sell 考察了位阻效应以及不饱和性对脂肪族酯类化合物气味特征的影响。到 1996 年，Rossiter 通过回归分析、主成分分析和比较分子场分析三种手段再次进行了研究。

关于脂肪族酯类化合物的结构气味关系最近研究是Renata等利用拓扑指数、物理化学性质以及量子化学指数来进行预测。研究发现，就单个描述符而言，27 个脂肪族酯类化合物的最低分子轨道能量与其水果味特征强度相关性达到 0.712。另外，反映官能团位置和数目的电子拓扑指数和反映分子枝杈程度的拓扑指数对水果味气味特征也有影响。在回归方程中，Fscore=14.45K−150.54SC=O−109.41EHOMO−1252。其中，Fscore 代表脂肪族类酯类化合物的水果味特征强度；EHOMO 表示已占有电子的能级最高轨道能量；K 是分子枝杈描述符，分子枝杈度越低水果味特征强度越小；反之，C=O 基团数 SC=O 则对水果味特征强度起负作用，因此一般情况下对于相同碳原子数的脂肪族酯类化合物，当酯基接近于分子结构中心时，分子的水果味相对较弱。

（二）茶香单体酮的香味阈值与结构关系研究

基于分子形状指数（mK）表征了 7 种茶香单体酮的分子结构，并据此建立了茶香单体酮的香味阈值与结构关系模型。茶叶香气是决定茶叶品质的因素之一，不同种类的茶叶均有其特有的香气。茶叶的鲜叶中含有酚、酮、醛、酯、酸、萜、酚等十多种芳香物质，其中单体酮对茶叶香气有重要影响。单体酮的香气阈值被定义为在与空白试验比较时，能用嗅觉辨别出该物质存在的最低浓度。7 种茶香单体酮的香气阈值 XT 与分子结构信息 mK 拟合得到的回归模型为：

XT=1.187（±0.381）+1.165（±0.201）×1K−0.634（±0.179）×2K

该模型的回归系数为0.952，说明该模型揭示了分子结构中影响香气阈值的95.2%的因素，只有不足4.8%的因素未被引入。表2-7可见模型预测结果。

表2-7 香味阈值－结构模型预测结果

序号	单体酮	1K	2K	XT（观测值）	XT（计算值）	误差
1	2－丁酮	0.0370	2.0911	4.097	4.098	-0.001
2	2－戊酮	4.0015	3.0370	4.523	4.621	-0.098
3	3－甲基丁酮	4.0015	2.0845	5.222	5.225	-0.003
4	2－己酮	4.9764	4.0015	5.398	5.145	0.253
5	2，3－己二酮	4.5305	3.6362	4.824	4.857	-0.033
6	2－庚酮	5.9577	4.9764	5.699	5.670	0.029
7	3－庚酮	5.9577	4.9764	5.523	5.670	-0.147

其他的SOR研究包括：孙宝国对目前允许使用的肉香味含硫香料分子结构与气味特征进行了总结，发现有机含硫化合物中对于肉香味形成起关键作用的是与碳原子以σ键相连的二价硫原子，如果在其相邻碳原子上连有氧或硫，则它们的协同作用必定导致分子产生肉香味，并且发现它们都含有相同的分子骨架；Elisabeth Guichard14综述了蛋白质－风味束缚和释放与风味感觉之间的主要成果，其中关于β乳球蛋白的风味束缚性质的研究最为广泛，分子模型和定量结构关系研究结果证实在乳球蛋白上存在两个不同的风味物质束缚位点；M.Chastrettell等从吡嗪和吡啶出发，采用神经网络方法研究了柿子椒结构与其气味之间的关系。

第五节　香味的分类方法

香味特征各不相同，了解各种香料的香味特征及每一类香型的特征性香料，对于调香师是很重要的基本知识。香料香味的分类方法很多，调香师对每种香料香味的理解也不尽相同，各种分类方法都有各自的特点，在此仅介绍几种分类法供参考。

一、Luca分类法

Luca根据主观与客观相统一的原则对日用香料和食用香料的香味进行了分

类，其中将食用香料香味分为25种：

水果香（Fruity）；

柑橘香（Citrus）；

香草香（vanilla）；

奶香（Dairy）；

辛香（Spicy）；

野草香（Wild-Herbaceous）；

大茴香（Anisic）；

薄荷香（Minty）；

烤香（Roasted）；

葱蒜香（Alliaceous）；

烟熏香（Smoke）；

芳香（Aromatic）；

药香（Medicinal）；

蜜糖香（Honey-Sugar）；

香菌壤香（Fungal-Earthy）；

醛香（Aldehydic）；

松果香（Coniferous）；

海产品香（Marine）

橙花（Orange Flower）；

动物香（Animal）；

木香（Woody）；

花香（Floral）；

烟草香（Tobacco）；

香茅马鞭草香（Citronella-Vervain）。

二、香味轮（Flavour Wheel）分类法

香味轮分类法是一种以轮形图的形式对食用香料香味进行分类的方法。图2-1是香味轮分类法的轮形图。轮形图的中心，是要调配的香型的“香味矩阵”（Flavor matrix）。16种香味及各香味的典型代表香料化合物环绕在矩阵周围，相邻的香味相似。调香师根据自己对需调配的香精香型的理解将其分解为一些纯

粹的“香味”，并给出各香味间的比例，从而确定出一个“香味矩阵”。在各香味中，选择合适的香料化合物，按恰当的量重新组合，即可调配出所需香型。因此，关于香味组成的准确分析，往往意味着一个好的香精配方的拟定。

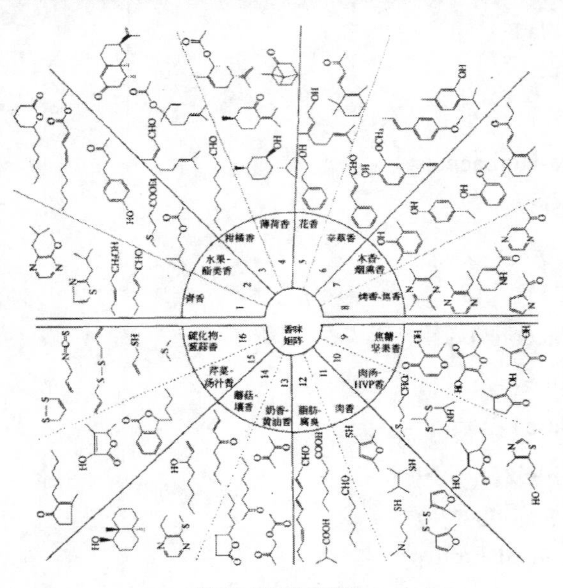

图 2-1 香味轮分类法

16 种香味依次如下。

青香（Green Flavor）：新刈草或绿叶、绿色植物的香味。

水果酯类香（Fruity Ester-Like）：成熟的香蕉、梨子、瓜果等水果发出的甜香香味。

柑橘香（Citrus.Like Flavor）：柑橘、柠檬、橙子、柚子等柑橘类水果和植物发出的香味，一些萜类化合物也包括在该组。

薄荷香（Minty）：薄荷油发出的甜的、清鲜、清凉的香味。

花香（Floral）：带有甜香的、青香、水果香、药草香的花香。

辛草香（Spicy herbaceous Flavor）：辛香料和药草共有的香味。

木香 – 烟熏香（Woody Smoky Flavor）：愈创木酚、鸢尾酮、极低浓度的反2- 壬烯醛等香料的温暖的（warm）、木香、甜香、烟熏香香味。

烤香 – 焦香（Roasty Burnt Flavor）：典型代表是烷基和酰基取代的吡嗪等化合物的香味。

焦糖 – 坚果香（Caramel Nutty Flavor）：含糖食品加热时产生的香味，以及烤坚果的微苦焦香。

肉汤 –HVP 香（Bouillon hvp flavor）：一种扩散的、温暖的、咸味的、辛香的香味，使人联想到肉类抽提物。

肉香（Meaty Animalic Flavor）：一类十分复杂的香味，如烤牛肉香味与烧烤肉或煮肉香味，差别较大。

脂肪 – 腐臭香味（Eatty Rancid Flavor）：典型代表是丁酸和异丁酸的令人厌恶的酸味。

奶香 – 黄油香味（Dairy Butter Flavor）：包括从典型的黄油香（丁二酮、乙偶姻、戊二酮）到奶油发酵香（丁位癸内酯、丙位辛内酯）的香味。

蘑菇 – 壤香香味（Mushroom Earthy Flavor）：以 1- 辛烯 –3 醇为代表的典型蘑菇香和使人联想到土壤的香味。

芹菜 – 汤汁香味（Celery Soupy Flavor）：温暖的辛香植物根的香味，使人联想到浓汤香味。

硫化物 – 葱蒜香味（Sulphurous Alliaceous Flavor）：包括令人不愉快的硫醇味，烯丙基硫醇、二烯丙基二硫等化合物的葱蒜香味，以及令人愉快的杂环化合物的香味。

三、日用调香师和食用调香师对香气的分类法

已经公布的日用调香师对香气的分类法比食用调香师多得多，在此介绍一种日用调香师、葡萄酒品酒师、品茶师、咖啡品尝师、食用调香师和食品技术人员公认的香气分类法，这种分类方法不但对香气进行了分类，并且将香气按相似度进行了排序，还给出了一些相邻香气相似度的数值。这种分类方法将香气分为 60 类，见表 2-8。

表 2-8 香气序列及其相似度

<table>
<tr><th>序号</th><th>名称</th><th>相似度</th><th>相似度</th></tr>
<tr><td>1</td><td>苦杏仁</td><td></td><td></td></tr>
<tr><td>2</td><td>坚果</td><td></td><td></td></tr>
<tr><td>3</td><td>香蕉</td><td rowspan="2">0.40</td><td></td></tr>
<tr><td>4</td><td>菠萝</td><td></td></tr>
<tr><td>5</td><td>苹果</td><td rowspan="2">0.11</td><td></td></tr>
<tr><td>6</td><td>醚样</td><td></td></tr>
<tr><td>7</td><td>白兰地</td><td rowspan="2">0.25</td><td rowspan="3">0.13</td></tr>
<tr><td>8</td><td>葡萄酒</td></tr>
<tr><td>9</td><td>葡萄</td><td></td></tr>
<tr><td>10</td><td>柑橘</td><td></td><td></td></tr>
<tr><td>11</td><td>醛样</td><td></td><td></td></tr>
<tr><td>12</td><td>腊样</td><td></td><td></td></tr>
<tr><td>13</td><td>脂肪</td><td></td><td></td></tr>
</table>

续表

<table>
<tr><th>序号</th><th>名称</th><th>相似度</th><th>相似度</th></tr>
<tr><td>14</td><td>黄油</td><td rowspan="2">0.29</td><td></td></tr>
<tr><td>15</td><td>奶油</td><td></td></tr>
<tr><td>16</td><td>根</td><td rowspan="2">0.13</td><td></td></tr>
<tr><td>17</td><td>苔藓</td><td></td></tr>
<tr><td>18</td><td>皮革</td><td></td><td></td></tr>
<tr><td>19</td><td>壤香</td><td rowspan="2">0.25</td><td></td></tr>
<tr><td>20</td><td>蘑菇</td><td></td></tr>
<tr><td>21</td><td>硫磺样</td><td></td><td></td></tr>
<tr><td>22</td><td>果香</td><td></td><td rowspan="3">0.25</td></tr>
<tr><td>23</td><td>花香</td><td rowspan="2">0.26</td></tr>
<tr><td>24</td><td>青香</td></tr>
<tr><td>25</td><td>茶香</td><td></td><td></td></tr>
<tr><td>26</td><td>金属样</td><td rowspan="2">0.23</td><td></td></tr>
<tr><td>27</td><td>天竺葵</td><td></td></tr>
<tr><td>28</td><td>茉莉花</td><td rowspan="2">0.09</td><td></td></tr>
<tr><td>29</td><td>丁香花</td><td></td></tr>
<tr><td>30</td><td>茴芹</td><td></td><td></td></tr>
<tr><td>31</td><td>铃兰</td><td></td><td></td></tr>
<tr><td>32</td><td>橙花</td><td rowspan="2">0.10</td><td></td></tr>
<tr><td>33</td><td>含羞草</td><td></td></tr>
<tr><td>34</td><td>紫罗兰</td><td></td><td></td></tr>
<tr><td>35</td><td>玫瑰</td><td rowspan="2">0.17</td><td></td></tr>
<tr><td>36</td><td>蜜香</td><td></td></tr>
<tr><td>37</td><td>龙涎香</td><td rowspan="2">0.13</td><td></td></tr>
<tr><td>38</td><td>霉味</td><td></td></tr>
<tr><td>39</td><td>动物香</td><td rowspan="2">0.21</td><td></td></tr>
<tr><td>40</td><td>麝香</td><td></td></tr>
<tr><td>41</td><td>檀香</td><td></td><td></td></tr>
<tr><td>42</td><td>粉香</td><td></td><td></td></tr>
<tr><td>43</td><td>百合花</td><td></td><td></td></tr>
<tr><td>44</td><td>木香</td><td></td><td></td></tr>
<tr><td>45</td><td>松林香</td><td></td><td></td></tr>
<tr><td>46</td><td>樟脑</td><td rowspan="2">0.33</td><td></td></tr>
<tr><td>47</td><td>薄荷</td><td></td></tr>
<tr><td>48</td><td>干草香</td><td></td><td></td></tr>
<tr><td>49</td><td>烟草香</td><td rowspan="2">0.31</td><td></td></tr>
<tr><td>50</td><td>烟熏香</td><td></td></tr>
<tr><td>51</td><td>焦油</td><td rowspan="2">0.21</td><td></td></tr>
<tr><td>52</td><td>药香</td><td></td></tr>
<tr><td>53</td><td>酚香</td><td></td><td></td></tr>
<tr><td>54</td><td>芳香</td><td></td><td rowspan="3">0.10</td></tr>
<tr><td>55</td><td>药草香</td><td rowspan="2">0.21</td></tr>
<tr><td>56</td><td>辛香</td></tr>
<tr><td>57</td><td>胡椒</td><td></td><td></td></tr>
<tr><td>58</td><td>香脂香</td><td rowspan="2">0.18</td><td></td></tr>
<tr><td>59</td><td>香草香</td><td></td></tr>
<tr><td>60</td><td>焦糖香</td><td></td><td></td></tr>
</table>

四、Clive 分类法

Clive 将香气分为 38 类，并给出了每类香气的代表性物质。该分类方法包含了食用和日用两类香料的香气，见表 2-9。

表 2-9 Clive 香气分类法

序号	香气类型	代表性香气物质
1	酸气息	甲酸、乙酸
2	葱蒜香	二烯丙基二硫醚、异硫氰酸烯丙酯
3	杏仁香	苯甲醛
4	氨气香	氨、环己胺
5	大茴香	大茴香脑
6	芳香	苯甲醇
7	焦香	吡啶
8	樟脑香	桉叶油素
9	柑橘香	柠檬醛
10	可可香	苯乙酸异丁酯
11	孜然香	枯茗醛
12	食品香气	麦芽酚，3- 羟基 -2- 丁酮 2- 异丁基噻唑，2- 乙酚基吡啶
13	轻飘香气	乙醚
14	粪便香气	吲哚，3- 甲基吲哚
15	鱼腥味	三甲胺
16	果香	苯甲酸乙酯，- 十一内酯
17	青香	苯乙醛二甲缩醛
18	风信子香气	肉桂醇
19	茉莉花香	顺茉莉酮
20	百合花香	羟基香茅醛
21	麦芽香	异丁醛
22	薄荷香	t- 香芹酮
23	麝香	6- 乙酞基 -7- 乙基 -1，1′，4，4′- 四甲基四氢化萘满
24	油气息	十六烷、十六酸乙酯
25	橙花	邻氨基苯甲酸甲酯、β- 萘甲醚
26	氧化剂气息	臭氧
27	酚气息	苯酚、邻甲苯酚
28	腐烂气息	二甲基硫醚
29	尖刺气息	甲醛
30	玫瑰香	2- 苯乙醇
31	性气息	雄甾烯醇
32	精液气息	1- 吡咯啉

续表

序号	香气类型	代表性香气物质
33	辛香	肉桂醛
34	汗气息	异戊酸
35	甜香	香兰素
36	尿气息	雄甾烯酮
37	紫罗兰香	α- 紫罗兰酮
38	木香	乙酸柏木酯

我们认为，将几千种香料的香味分为十几种甚至几十种类型是不够的，应该说这些分类方法还是很粗略的，有的香型所包含的各种香料香味差别很大，如辛香中的肉桂、八角、花椒、生姜、大蒜、肉豆蔻、白芷等香料都有各自独特的香味特征；还有的香型可以再分为若干具体香型，如水果香可以具体分为苹果、梨香、桃子等香味，而苹果香还可以再分为青苹果、香蕉苹果、红富士等香味。

第三章　天然香料及其提取工艺

我国地大物博，拥有丰富的天然香料资源，据初步统计我国野生香料植物和栽培品种共有380余种，它们多数分布在温带和亚热带地区，其中有些种类原产我国，久已闻名世界，也有些种类系自其他国家引种栽培，现已成为我国重要香料资源。本章围绕天然香料及其提取工艺进行分析。

第一节　我国天然香料资源的主要品种与开发

一、动物性香料

天然香料可以分为动物性香料与植物性香料两大类。动物性天然香料的品种较少，用于调香的天然动物香料有4种，分别是麝香、灵猫香、海狸香、龙涎香。

动物香料在调香时可起到圆和其他气息、增强香气的作用外，还有留香持久的定香作用。动物性香料相对植物性香料来源较少，因此价格也十分昂贵，一般只在高档香水中使用。在我国麝鹿与灵猫已训养成功，为获得这些天然香料增加了来源，但目前驯养的数量还较少。4种动物性天然香料的产地、香气特征、有效成分等见表3-1。

表3-1　主要动物性天然香料的产地、香气特征、有效成分等

香料名称	来源及产地	香气特征	成分及用途	其他
麝香	雄性麝鹿的香囊。分布在黑龙江、吉林、河北、四川、甘肃、陕西、湖北、云南、青海、西藏南部	清灵温存、甜中带清的芳香	香料与医药。水22%、灰分3%－4%、含氮化合物9.2%、胆固醇2%，脂肪酸3%、纤维素6%、有效成分为麝香酮，含量1.5%	在古代捕麝取香是唯一来源；目前安徽霍山、陕西镇平已驯养。年单产5－15g/头

续表

香料名称	来源及产地	香气特征	成分及用途	其他
灵猫香	大灵猫与小灵猫。主产地埃塞俄比亚	稀释后有动物浊鲜和灵猫酮的气息	高级日化香精的定香剂、赋香剂等。灵猫酮与麝香酮 $(CH_2)_7$ O $(CH_2)_7$	杭州动物园有驯养，年单产 300/g 头
海狸香	海狸（河狸）主产地为加拿大及前苏联	温暖动物气息，革样甜润感，稀释后有桦焦麝香和果香香气	用于日化香精，也用于烟用及食用香精的调配。主成分海狸香素，伴有大量树脂类成分	目前还无驯养，单产 2x 200g/ 头
龙涎香	抹香鲸的病理分泌物。无固定产地，有抹香鲸出没的海域	香气淡，带有木香、苔香，且留香久	主要成分为三元环结构的龙涎香（$C_{22}H_{44}O$），还有苯甲酸、琥珀酸等含氧化物	

二、我国主要植物天然香料品种及其制品

植物性天然香料是天然香料的主要来源，植物性天然香料又可以根据我们利用的部位、植物的种属等进行分类，习惯上将它们分为花香，乔、灌木，草本与多年生亚灌木三大类。

（一）花香品种

许多鲜花具有特别的香气，其芳香迷人。人们利用花香并用鲜花为原料提取精油已有悠久的历史，早在 10 世纪，阿拉伯医生阿维森纳（Avicenna）就开始用蒸馏法提取玫瑰香精。在花香品种中，玫瑰、墨红花、茉莉、桂花等是比较重要的品种，其中桂花是我国特有的优势品种。表 3-2 列出了一些重要的花香品种的产地、成分、香气特征、用途及主要加工生产方法。

表 3-2 重要的花香品种的产地、成分、香气特征、用途及其主要加工生产方法

品种	产地	成分	用途	加工方法
玫瑰	原产于法国、摩洛哥。我国甘肃永登苦水地区年产油 500Kg 左右，我国其他地区也有种植	玫瑰醇、香叶醇、苯乙醇、玫瑰醚、玫瑰呋喃、突厥酮及突厥烯酮等	制成的玫瑰油、浸膏及净油是配制高级日化、食用香精的重要原料	主要采用水汽蒸馏法制备，得油率 0.015%—0.03% 之间
墨红花	产于浙江、江苏等地。杭州香料厂制作墨红花浸膏及净油	香樟醇、芳樟醇、香叶醇	墨红浸膏广泛用于化妆品、香皂、烟草及食品加香	我国年产 2.5—3t，用石油醚浸提加工，得油率一般在 0.14%—0.16%
茉莉	原产于法国，目前摩洛哥、埃及有大量种植。我国长江以南，西南及华中地区种植	乙酸苄酯、邻氨基苯甲酸甲酯、吲哚、α- 戊基桂醛、茉莉酮酸甲酯等	用于薰茶、配制茉莉香型香精及其他香型	广州百花厂年产净油 20Kg，（合成调配），石油醚。萃取
桂花	主产于中国	甲、乙位紫罗兰酮，二氢乙位紫罗兰酮，芳樟醇及氧化物，壬醛，叶醇，丙位癸内酯，香叶醇	用于配制日化香精外，也用于配制食用香精	用石油醚浸提，得率在 0.1%—0.17%，净油得率为浸膏的 65%—75%

续表

品种	产地	成分	用途	加工方法
依兰	国外主产于科罗摩群岛等，国内主产于云南西双版纳地区	苯甲酸、麝子油醇、牻牛儿醇、芫荽油醇、乙酸苯酯、丁香酚等	配制各种花香香精	水汽蒸馏法生产，得率在2%—3%，西双版纳地区年产约500Kg依兰油
树兰（米籽兰）	原产东南亚，我国广东、广西、海南、福建、四川等地种植。福建漳州产量最大	芳樟醇、壬醛、杜松醇、瑟林烯、乙位榄香烯、依兰烯、石竹烯等	用于调配香水、香皂及化妆品香精，也用作定香剂。干花也用于薰茶和调配烟用香精	水汽蒸馏法生产时鲜花得油0.3%，干花0.7%；干花用石油醚浸提得率2.2%—2.3%
白兰	广东、福建、台湾	芳樟醇氧化物、月桂烯、柠像烯、桉叶素、β-松油醇、石竹烯、丁香酚、竹烯、反式香芹酮	主要用于化妆品和皂用香精	用水汽蒸馏法加工时花的得率0.2%，叶得率0.2%—0.28%。石油醚浸提时得率0.22%—0.28%

（二）乔、灌木品种

乔、灌木的天然香料品种众多，我国也有丰富的乔、灌木天然香料品种。其中樟科植物在乔、灌木品种中占有重要地位，樟树可以按有效成分分为含樟脑为主的本樟、含黄樟素为主的黄樟、含桉叶素为主的油樟、含芳樟醇为主的芳樟等。樟类中以产油率高且单一成分含量高的品种为好，国内已有不少品种大量种植。山苍子、肉桂、柏木也是我国主要乔、灌木香料品种，其中松节油产品的年产量在10万吨以上。但我国大部分地区所产的松节油α-蒎烯的含量在90%以上，而β-蒎烯的含量小于10%以下，β-蒎烯的用途大于α-蒎烯，所以寻找β-蒎烯含量高的树种对发展我国松节油产业是十分重要的。不同乔、灌木品种的产地、主要成分、用途及生产加工方法等见表3-3。

表3-3 不同乔、灌木品种的产地、主要成分、用途及其生产加工方法

品种	产地	主要成分	用途	加工方法
芳樟	台湾与福建	芳樟醇、丁香酚、桉叶素、黄樟素、香茅醉、樟脑、坎烯、蒎烯等	可直接用于生产芳樟醇。也用于皂类和化妆品香精的配制	用水汽蒸馏法生产，树干、根的得油率2%—4%，叶与枝的得油率0.3%—0.8%
樟（香樟）	长江以南地区	樟脑、桉叶素、黄樟素	主要用于单离樟脑及桉叶素与黄樟素	用水汽蒸馏加工，叶含樟脑多，枝与干含油多
黄樟		黄樟素含量在60%—90%之间	主要用于单离黄樟素，黄樟素可用来合成洋茉莉醛等化合物	全株含油，水汽蒸馏法生产，得油率在2%—4%
香桂（岩桂）	四川宜宾地区	黄樟素含量可高达98%	主要用于单离黄樟家，黄樟素可用来合成洋茉莉醛等化合物	四川宜宾已大面积种植，水汽蒸馏法生产
坚叶樟	云南	主成分为黄樟素，含量可高达96%	主要用于单离黄樟素，黄樟素可用来合成洋茉莉醛等化合物	用水汽蒸馏加工
油樟	四川宜宾	桉叶素（60%左右）	用于化妆品、口腔清新剂、空气清新剂等日用香精调配，也用于医药	用水汽蒸馏法加工，枝叶得油率在2.88%左右
山苍子	长江以南各省	含柠檬醛60%以上	生产柠黴醛、并进一步加工可合成紫罗兰酮、维生素A等产品	水汽蒸馏法生产，鲜籽得油率3%—4%、干籽得油率4%—6%

续表

品种	产地	主要成分	用途	加工方法
肉桂	主产于两广地区	主成分桂醛含量在70%–90%,其他有乙酸肉桂酯、水杨醛、肉桂酸、水杨酸、甲基水杨醛等	桂皮可直接用作辛香料、中药。桂皮油也可用作食用和日用香精的调配	水汽蒸馏法生产，鲜叶得油率 0.3%–0.4%，皮得油率 1%–2%
月桂		主要含香成分为丁香酚	月桂叶可直接用作食品的防腐剂，月桂皮（叶）油可用于日化香精调配，也用于单离丁香酚	水汽蒸馏法生产，月桂皮得油率 2%–4%，叶得油率 0.3%–0.5%
柠檬桉	福建、广东、广西	香茅醛、香叶醇、香茅醇	用于单离香茅醛、香叶醇。也直接用于调配日化香精，及十滴水、清凉油等日常用药	水汽蒸馏法生产，鲜叶得油率 0.6%–2%
松节油	全国	α- 蒎烯 90% 以上、β- 蒎烯、皆烯、坎烯、松油烯、异松油烯	α- 蒎烯 90% 以上、β- 蒎烯、皆烯、坎烯、松油烯、异松油烯	水汽蒸馏法生产，我国年产达 10 万吨以上
柏木油（柏科与松科）	全国	柏木脑与柏木烯	用于调配木香与植香香精，也可用作消毒剂与杀菌剂，分离后可合成甲基柏木醚、乙酸柏木酯、乙酰基柏木烯等香料	用树干和根进行水汽蒸馏制备，得油率在 1%–6% 之间

（三）草本与多年生亚灌木品种

草本与多年生亚灌木也是天然香料的主要品种，如薰衣草、薄荷、香荚兰等都是非常重要的天然香料品种。比较重要的草本与多年生亚灌木品种的产地、主要成分及香气、用途及生产加工方法等见表 3-4。

表 3-4 草本与多年生亚灌木品种的产地、主要成分及香气、用途等

品种	产地	主要成分及香气	用途	其他
薰衣草	我国新疆、河南、陕西及安徽等地已大面积种植	乙酸芳樟酯（含量可达 38%—40%）、芳樟醇、薰衣草醇、乙酸薰衣草酯、月桂烯、石竹烯等具有薰衣草特征香气	重要天然精油，用于配制古龙水、花露水、爽身粉、香皂等日化香精	水汽蒸馏法生产，得油率为 0.8%—1.5%
薄荷（亚洲薄荷）	原产我国南方，现印度的产量最大	L- 薄荷醇（占 80% 左右）、薄荷酮、叶醇、薄荷酸类等，具有薄荷特有的清凉香气	单离薄荷脑与素油，薄荷脑与素油在日化及食用香精中广泛使用	水汽燕馏法生产，得油率为 0.15%—0.30%
椒样薄荷	原产我国南方，现印度的产量最大	L- 薄荷醇、胡薄荷酮、薄荷酯等，比薄荷油香气清甜优美，但凉味弱	调配日化与食用香精	水汽蒸馏法生产，得油率为 0.15%—0.3%
香叶	从印度引进，云南、上海等地种植	主要成分有香叶醇、苯乙醇、芳樟醇、松油醇、丁香酚、异薄荷酮	用于配制玫瑰香型日化香精，在香水、香粉、膏箱、香皂产品加香，也用于烟用与酒用香精调香	水汽燕馏，茎叶得油率为 0.08%—0.12%，花蕾 0.4% 左右
岩蔷薇（赖百当膏）	浙江、江苏等地	其浸膏为带有龙涎、琥珀香气的膏状液	用于配制素心兰、香薇、龙涎香、薰衣草香型香精，用于香水、古龙水及喷雾香水中	嫩枝叶发酵后用浸提法制备，得膏率在 4%—5%
香茅	我国南方	香茅醛（33% 左右）、香叶醇、香茅醇、榄香醇等，具有愉快的青草香气	可直接用于日用香精的调配，也可用于单离香茅醛、香叶醇等单体香料	收割半干后用水汽蒸馏法加工，得油率为 1%—1.5%

续表

品种	产地	主要成分及香气	用途	其他
香根（岩兰草）	原产印度、马来西亚等国，我国南方已种植	香根油为棕色黏稠液体，干甜木香，香气持久	用作定香剂	水汽蒸馏法生产，干根得率为 2.5%—3%
广藿香	广东、四川、海南	木香带草药香	用作定香剂，调配东方型与木香型香精	水汽蒸馏，得油率 2.4%，亩产为 12—16.8g
香荚兰	主产马达加斯加、海南与云南	主要成分为香兰素，具有奶香香气	用于巧克力、糕点、冰淇淋等食品的加香	香兰素在香荚兰豆中含量为 2%—3%

注：1 亩 =666. 6m^2

三、天然香料的开发及其利用

新中国成立前我国香精香料绝大多数依靠进口，只能调配少量食用与皂用香精，还未形成香料工业。新中国成立前已开发的天然香料系胡薄荷油与茵香油两种，两者均采用土法水汽蒸馏方法加工生产。

20 世纪 50 年代是我国天然香料快速发展期，整个香料工业开始萌芽，天然香料也开始发展。除水汽蒸馏得到改进并广泛使用外，浸提法也开始使用。为满足香料工业对天然香料需求的增加，在我国南方出现天然香料种植基地，香荚兰品种也是在此期间引种的。

20 世纪 60 年代，用挥发性溶荆浸提制备香花浸膏和净油的品种及加工厂家迅速增加。同时冷榨、冷磨法也开始在制备橘子油中得到应用，使生产的橘类精油品质明显提高。当时我国主要从事天然香料加工的厂家和加工的天然香料品种如下：

广州百花香料厂：茉莉花浸膏、大花茉莉浸膏、白兰花浸膏、蕾香油、白兰叶油等品种。

杭州香料厂：墨红浸膏、香根油。

福州香料厂：茉莉花浸膏、白兰花浸膏、白兰花油、白兰花叶油。

漳州香料厂：合金花浸膏、树兰浸膏、树兰油。

黄岩香料厂：橘子油。

20 世纪 60—70 年代，引进了如依兰、香叶、薰衣草等重要天然香料品种，使我国天然香料的品种越来越多。

20 世纪 70—80 年代，我国消化吸收了国外一些先进的天然香料加工工艺。真空精馏、分子蒸馏与超临界萃取（广州市轻工研究所）等工艺先后得到应用，使我国天然香料加工技术得到了提高。

第二节　天然香料的加工前准备

一、天然香料的特性及对采收的要求

不同香料植物富含发香成分的部位各不相同，植物的根、茎、叶、花、果籽各器官都有可能用来提取精油物质。所以在我们利用香料植物前，必须先知道每种香料植物富含精油的器官在什么部位。如菖蒲属、水杨梅属精油主要集中在根部与块茎内；樟科和松柏科植物往往是茎或树干中精油含量最高；薄荷香茅等则以叶中精油含量最高；而部分植物的精油含量在会随植物不同生长阶段而变化。

（一）不同品种要求采集的部位不同

不同品种天然香料植物要求采集的部位各不相同，表 3-5 列出部分香料植物需采摘的部位。

表 3-5　部分香料植物需采摘部位一览表

采收部位	职务名称
花	玫瑰、水仙、茉莉、桂花、树兰花、栀子花等
树叶	橙叶、桉叶、藿香、月桂
树皮	肉桂、香苦木
根	岩兰草、颉草
地下茎	菖蒲、生姜
果实皮	香柠檬、柑橘、柠檬
种子	山苍籽、莳萝子、八角茴香、肉豆蔻、茴香
地上部分（包括茎、叶和花）	薄荷、柠檬草、香茅草

（二）同种植物不同部位精油组成不同

同一物种不同器官制成的精油其主要成分有时也有较大的区别，因此对部分芳香植物品种在采集时应根据植物不同器官所含成分不同进行单独收集。如薄荷花精油中的含薄荷酮量比其他部位精油中的薄荷酮含量要高；锡兰肉桂精油的情况更明显，树皮精油中含 80% 肉桂醛与 8% ～ 15% 丁香酚，而其叶精油中含 70% ～ 90% 丁香酚与 0 ～ 4% 的肉桂醛，其根精油则含 50% 樟脑，无肉桂醛与丁香酚。

（三）相同器官不同成长期精油的组成不同

含有精油的植物器官组织在植物的不同生长阶段其精油的含量也会发生变化。

叶含油量一般随着叶的生长其含油量下降。叶的含油量一般嫩叶时最高，成熟时下老叶时最低。如椒样薄荷上层幼叶含油量最高，成熟叶的含油量最低。菊叶天竺葵叶含量的变化与椒样薄荷叶相似，其叶不同生长期含油量变化可见表3-6。

表 3-6 菊叶天竺葵叶不同生长期含油量的变化规律

生长期	嫩叶	幼叶	中叶	成叶	老叶
含油量 /%	0.34	0.243	0.109	0.109	0.053

花的含油量在花的不同生成期也各不相同。有的花是刚开时含油率最高，如茉莉、香玫瑰、风信子等；也有是随花期一直增加的，如薰衣草花的含油率随花的生长而一直增加。西安植物园的工作人员在 1963 年曾测定薰衣草花穗不同发育阶段含油率的变化情况，其结果如表 3-7 所示。

表 3-7 薰衣草花穗不同发育阶段含油率的变化规律

花期	现蕾期	始花期	盛花期	末花期
含油率 /%	1.22	1.37	1.54	1.81

精油的得率随芳香植物的成长而变化精油的成分也会随芳香植物的生长而改变。如椒样薄荷的幼叶中含薄荷酮较高，含薄荷脑的量较低；随着叶片的生长，薄荷脑的含量慢慢增加，而含酮量下降；开花后游离薄荷脑的生成量减少薄荷脑的含量也开始下降，而薄荷酯的含量则处于上升阶段，见表 3-8。

表 3-8 椒样薄荷收割时期与含脑、含酯量的关系

时期	含油量 /%	含脑量 /%	含酯量 /%	时期	含油量 /%	含脑量 /%	含酯量 /%
蓓蕾期	1.5	0.7	0.1	开花中	2.3	1.3	0.15
蓓蕾中	1.8	0.9	0.1	开花后	2.1	1.0	1.2

由表 3-8 可知，对不同的植物，我们应根据其所含精油的变化规律在最合适的采集时候进行采集，这样得油率才能高，同时精油的质量也最好。

（四）采收与气候和时间的关系

天然植物精油的分泌与植物的生长规律是有密切关系的，而植物的生长与植物的光合作用相关，阳光的充足程度对香料植物的含油率往往有较大的影响。如茉莉花在连续晴天、气温高时采摘得油率高。一般温度较高时，产脂量高，产脂

所需的时间周期也短。雨水量的多少也会影响产脂的多少，下雨量太多或太少均会降低产脂量。

对鲜花类香料植物，采花的时间也相当关键。如茉莉花一般在晚上 7 ～ 11 时开放，一般需在花开的当天中午 10 时以后采摘较好。这是因为，茉莱莉花蕾采摘以后还在进行新陈代谢，只要保存条件合适，它还会开花，而茉莉花在开放时泌香，在花开时进行加工，其得膏量最高，可达 0.26% ～ 0.30%。每个品种何时采摘最合适，要根据实验来确定。

（五）株龄以及植物个体间精油含量和成分的变化

多年生香料植物精油的得率及精油的成分随年龄的增长有不同的变化规律。一般幼龄的植物含油量较低，随植株年龄的增长其含油率增加，当植株开始衰老时其含油率和精油的质量也随之下降。如柠檬与樟树的含油率与生长期的关系如表 3-9 与表 3-10 所示。

表 3-9 柠檬桉树的含油率变化

树龄 / 年	1	3 ～ 5	30
含油率 /%	0.68 ～ 0.81	1.33 ～ 1.48	1.61 ～ 1.68

表 3-10 樟树的含油率及樟脑量与树龄的变化关系

树龄 / 年	11 ～ 15	21 ～ 25	51 ～ 55	111 ～ 115
含油率 /%	0.08	0.34	0.909	1.43
樟脑含量 /%		0.007	0.672	1.135

多年生芳香植物的含油率及精油质量与植株的生长年龄之间的变化关系对我们充分合理利用自然资源是十分有益的。柠檬桉树含油率在 1 ～ 5 年间增长很快，但 5 年以后到 30 年之间增长量在 10% ～ 20% 之间，所以可以考虑在种植 5 年后收集。而樟树的含油率及樟脑含量与树龄之间的变化关系则告诉我们，樟树在树龄小于 25 年时，含油率和樟脑含量都非常小，没有利用价值；树龄到 50 年左右时，两者含量才明显升高。因此，樟树至少需长到 50 年以上砍伐才有利用价值。

二、香料植物原料加工前的预处理

一般香料植物在加工前需进行必要的处理，处理的目的一般有如下三种：

（1）尽量保持采集时芳香植物所含有精油的有效成分并保持其质量；

（2）使芳香植物中的芳香成分发香或香气发生变化；

（3）加速加工过程和获得最佳的加工效果。

根据以上三种要求不同的香料植物需进行不同的预处理，发酵、破碎及浸泡是最常用的预处理方法。

（一）发酵处理

有些天然香料可以在相应酶的作用下进行发酵，并通过发酵过程发香或使香气改善。如香荚兰豆与鸢尾根通过发酵后生香；广藿香树苔等经过发酵使香气变得调和。

香荚兰豆在采摘时并无香气，其所含的香兰素基本都以苷的形式存在（苷是由糖类通过它们的还原性基团与其他含有羟基的醇类、酚类、甾醇类化合物结合而成的化合物，也称糖苷）。当香荚兰细胞破裂后细胞中的酶促使苷发生水解使苷水解成糖与香兰素。一般香荚兰豆经过 2 ～ 3 个月的自然发酵处理后就可发香，用热水法处理可缩短发酵时间，也可以通过日晒来缩短发酵时间。热水处理法的具体方法是用 95℃ 的热水处理 20s，取出后擦干分别用毛毯包好放入 45℃ 的恒温箱内放置 4h，然后取出放置于干燥房间内等待使用。

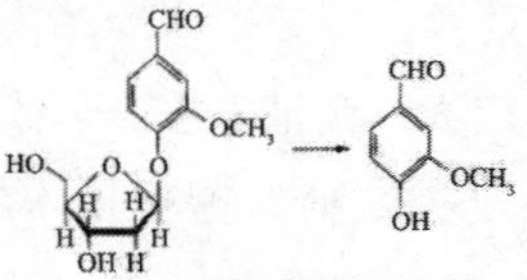

CHO OCH3 HO H H H H OH H CHO OCH3 OH

香兰素酶解反应化学方程式

同样鸢尾根在未发酵前没有明显香味需经过一段时间的发酵处理才开始发香。鸢尾收获后，先去掉叶、须根和腐物，然后用 40℃ 左右的水洗去泥土，切成片状，晒干打包，贮存于干燥通风处，一般需贮存 2 ～ 3 年才产生出一种类似紫罗兰的木质香气，且香气慢慢变佳。这是因为，在贮存过程中，鸢尾的发香成分鸢尾酮的含量慢慢增加，使鸢尾具有香气。根据研究，鸢尾根茎中鸢尾酮的含量随时间的延长而增加，在收割后的 30 个月内鸢尾酮的含量增加非常明显。表 3-11 显示了鸢尾酮的含量与贮藏时间的变化关系。

表 3-11　鸢尾根茎中鸢尾酮含量随贮藏时间的变化情况

贮藏年限 / 年	鸢尾硬酯含量 /%	鸢尾净油含量 /%	脂肪酸含量 /%	鸢尾酮含量 /%
新鲜	2.79	0.234	2.556	0.139
1	2.85	0.472	2.378	0.316
2	3.03	0.559	2.471	0.426
3	3.01	0.557	2.543	0.443
4	3.18	0.697	2.585	0.474

从上表可以看到，贮藏1年后鸢尾酮的含量从0.139%增加到0.316%；贮藏2年后又增加到0.426%。但之后鸢尾酮的含量虽然增加但速度明显减慢。从经济角度讲，鸢尾根贮藏2—3年较合适。

另外，广藿香、树苔等香料刚采集时香气较粗糙，经发酵处理后香气会变得调和。

（二）破碎处理

精油存在于植物器官中，要将精油提出植物体，往往要通过细胞组织，经过适当破碎后可以使精油露于表面，使精油与水蒸气或溶剂的接触机会增加，有利于精油的提取。因此，许多植物在加工制备精油前需进行适当的破碎处理。破碎的程度与原料中的油腺、油囊在植物组织中所处的位置有关，一般可分为以下四种情况。

（1）不需破碎处理的原料。精油存在于花朵叶片中时，因花与叶的细胞壁比较薄，油分可以迅速透出，可以直接进行水汽蒸馏或萃取，所以不需要进行破碎处理。如薄荷、留兰香等可以直接进行水汽蒸馏。

（2）需磨碎（磨粉）的原料。树干、草本植物的茎枝、较厚的树皮等需进行磨碎处理。这类原料的直径较大，精油存在于原料的内部，如不进行磨粉处理，油分很难从原料内部透出。树皮类原料有檀香柏木桂皮等草本原料有广藿香的茎枝等需进行磨粉处理。

原料磨碎的程度应取决于实际加工的需要，磨碎较细有利于水汽蒸馏或浸提，但磨碎得太细在加工时容易引起冲料并导致管路堵塞等事故。另外，原料一经磨粉处理需及时加工，否则原料中的精油会因挥发损失，部分精油也会因与空气长时间直接接触而变质。

（3）需压碎的原料。有些以果子与籽为原料提取精油的天然香料原料，在加工前需进行压碎处理，但一经压碎后必须立即进行加工。如茴香籽、肉豆蔻、芫荽籽等，因精油存在于果皮与果肉中，压碎后有利于水汽蒸馏。

（4）需切断处理的原料。香根草、香茅、丁香罗勒等植物品种，其长度较长且不规整，在进行水汽蒸馏时不便于装料，因此需进行切断处理。经切断处理后，原料的外形更规整，可以有效提高单釜处理能力。

（三）浸泡处理

1. 柑橘类鲜果皮的浸泡处理

由于果皮中含有大量水溶性的果胶在压榨后会影响油水分离。因此，果皮在压榨前需进行浸泡处理，在浸泡时还需加入浸泡剂。加入的浸泡剂可以使果胶变成不溶于水的果胶盐，这样经过浸泡的果皮压榨出的液体可以轻松进行油水分离。一般果皮浸泡到有弹性而又不折断时最合适，这时油囊易破裂且精油的喷射力强，有利于压榨。

2. 鲜花的浸泡保存

许多鲜花的花期很短，为了长期生产，鲜花采集后常用饱和盐水浸泡保存，保存期可延长到半年左右。用饱和盐水浸泡不但可以达到保鲜的目的，使鲜花的加工期也大大延长，同时也会使部分鲜花的香气更佳。如经浸泡过的桂花香气也可变得浓郁、甜醇。

（四）鲜花鲜叶的保养和保存

1. 未发香的鲜花保养

茉莉、大花茉莉、晚香玉等是采集即将开放的成熟花蕾，花蕾被采集后还在进行新陈代谢，存在一定的生理活动，经过适当时间的保存，鲜花才会开放并发香。在鲜花保存和开放过程中，花蕾会放出一定的热量，如保存不妥，花蕾会受热过度而发霉变质。因此，这些花蕾经采摘就需适当保存，在保存过程中以薄层形式放置，花层厚度不高于5cm。要使花蕾充分开放和发香需满足以下三个条件。

（1）花层面上或花层周围的空气应适当流通。

（2）贮存花蕾的花库中，应具有合适的室温，一般以28～32℃为宜。

（3）花库中应保持适宜的相对湿度，一般以80%～90%为宜。

为使花蕾全部均匀一致开放，应每隔一定时间轻轻进行上下翻动。

2. 已开鲜花的保养

白兰、黄兰栀子、玫瑰花等是采集当天开放的花朵，这些已开花朵有浓郁的花香。这些花虽被采摘但也有新陈代谢，仍在放热。也应与花蕾一样在采集后松散放置并及时送工厂加工。如不能及时加工，也必须以薄层形式放置。

3. 鲜叶的保存

一般鲜叶采集后，应以薄层形式放置到半干后再加工，如白兰叶、树兰叶、玳玳叶、橙叶、薄荷叶等。放置一定时间后，其出油率会比鲜叶高出 5% ～ 20%（按鲜叶计算）。鲜叶与花蕾、鲜花一样要注意在运输和保存过程中防止因其发热而导致发酵，从而影响出油率。

鲜叶放置到半干后，其体积也同时变小，有利于提高设备的利用和能源的效益。如鲜薄荷进行水汽蒸馏时需要用更多的水蒸气。

但有些娇嫩的鲜花放置后其得油率会明显下降，这些鲜花一经采集就必须马上加工。如香叶采收后放置 6h 再进行加工，其得油率会下降 28% 左右。

三、辛香料及其加工前处理

（一）辛香料分类

辛香料是天然香料中作为食用香料的重要原料，在我国食品调味中有着悠久的历史。香料的品种众多比较实用的分类法中根据其香气性质和应用情况进行分类，共可分为八类：

（1）根据香辣特性归为一类辛辣类，如红辣椒、生姜、芥菜子、黑胡椒和白胡椒等；

（2）具有芳香口味的归为一类，如肉豆蔻、丁香、苦豆、小豆蔻等。

（3）提供食用色素用的归为一类，如红辣椒、番红花、姜黄等。

（4）葱蒜类辛香料如洋葱、大蒜、葱。

（5）有甜味的甜味香料，如罗勒、甘牛至、欧芹、龙蒿等。

（6）属伞状花序植物的辛香料，如大茴香、芹菜籽、莳萝茴香、欧芹、胡荽籽等。

（7）含有桉叶素的香料，如月桂、鼠尾草、迷迭香等。

（8）含有百里香酚和香芹酚的辛香料，如比萨草、香薄荷、百里香、甘牛至等。

由于辛香料是按其香气与用途根据经验来进行分类的，某些品种可以同时归入几种类别。

（二）辛香料的性质与用途

辛香料的主要用途有以下几种：调味作用、抗氧化作用、防腐抑菌作用。

1. 调味作用

辛香料作为调味品使用的历史已很长，辛香料在调味的同时还能给食品带来引起食欲的颜色与香味。目前辛香料与调味料在方便食品加香中应用广泛，这也是促进食用香精快速发展的原因之一。在食品工业中应用最多的是大茴香、桂皮、芹菜籽、丁香、生姜、肉豆蔻、薄荷及百里香等天然香料。

2. 抗氧化效果

天然辛香料广泛应用于食品中的另一原因是天然香料有抗氧化作用，可保持食品的稳定。有许多辛香料中存在有还原性基团的精油成分，与食物均匀放置时，由于其还原性比食物中的成分强而先被氧化，从而达到了保护食物中有效成分的目的。1938 年 Savely 曾发表丁香对食用植物油和脂肪有阻止氧化酸败的作用；Dubois 和 Tressler（1943 年）也报告说黑胡椒、肉豆蔻衣及生姜等对冷冻保藏的猪肉肉酱与牛肉肉糜有防止酸败的作用。洋葱、大蒜汁也有明显的抗氧化作用，在以后的研究中证实，具有抗氧化作用的基团可以是酚醛等，如迷迭香、百里香、香薄荷等因有酚基团而具有抗氧化作用。

3. 防腐、抑菌作用

百里香酚香芹酚、丁香酚香兰素、水杨醛等含有酚羟基的化合物有明显的抑菌作用可以起到防止食物腐败的作用。另一些具有抑菌活性的有硫醇类化合物及异硫氰酸酯，如烯丙基硫、异硫氰酸烯丙酯等。

Kosker（1949 年）等在苹果汁与葡萄汁的抑菌试验中发现，加入 10% 芥子时，仍能发现霉点，而加入 $11 \sim 22 \times 10^{-6}$ 芥子精油就可以起到明显的防腐效果。在抑制酵母发酵上，0.05% 的芥子油就可以发挥作用，而常用的防腐剂苯甲酸需要加 0.2%，二氧化硫加 0.1% 才能发挥相同的抑制作用。芥子油与部分化学防腐剂的防腐作用比较结果如表 3-12 所示，从表中可以明显看出芥子油的防腐作用要好于常用的化学防腐剂。

表 3-12　芥子油及部分化学防腐剂的防腐作用比较

防腐剂	浓度 /%	菌落数 / 百万	葡萄糖损失 /%	防腐剂	浓度 /%	菌落数 / 百万	葡萄糖损失 /%
芥子精油	0.05	500	0	甲苯	0.1	1000	84
苯甲酸	0.2	2000	0	酚	1.0	10000	0
二氧化硫	0.1	1000	0	对照	—	—	86
氯仿	0.1	1000	86				

注：试验结果为接种后室温培养 2d 的结果，酵母用量为 0.5%。

对同一种辛香料来说对不同细菌有不同的抑制作用，同时也不是所有辛香料对细菌有抑制作用。Subrahmanyan 等在 1957 年曾比较 13 种比较重要辛香料的防腐效果发现大蒜的杀菌效果最好，其结果如表 3-13 所示。

表 3-13 常见辛香料对各种细菌生长抑制作用

辛香料	大肠杆菌	产杆菌	干酪乳酸菌	粪链球菌	金黄色链球菌
小豆蔻	+	+	+	+	+
生姜	+	+	+	+	+
芥子	+	+	+	+	+
干红辣椒	+	+	+	+	+
锡兰肉桂	+	+	+	+	+
丁香	+	+	+	−	±
茴香	+	+	++	+	+
香旱芹	+	+	++	+	+
枯茗	+	+	+	+	+
洋葱	+	+	+	+	+
大蒜	−	−	+	+	−
阿魏	+	+	+	+	±
黑胡椒	+	+	+	+	+

注：+ 代表生长，− 代表抑制，± 代表轻微抑制，++ 代表刺激生长。

研究已发现，丁香酚、异龙脑、百里香酚香兰素及水杨醛等在稀释 2000 倍之后还有明显的抑菌效果，在此类化合物中其主要特点是其分子中均有羟基基团。在分子中有无羟基基团其抑菌能力相差非常大。常用有抑菌能力的芳香族天然精油有效成分有以下几种：

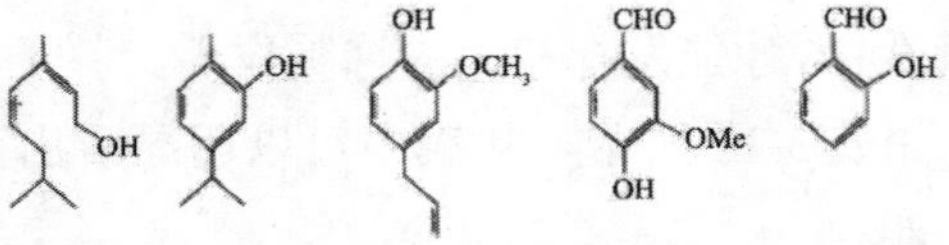

百里香酚　香芹酚　丁香酚　香兰素　水杨醛

（三）辛香料的加工前处理

1. 分级

辛香料栽培和种植达到成熟时进行收获在收获时一般根据其特点需先进行分级处理。如以桂皮为例，收获后的肉桂可根据其长度、外形等进行分类。一般将长度在 36m 以上且形状完整的桂皮分为一类，称为长桂；而长度不够标准或外形不完整的归为一类称为碎桂（条桂）。

2. 热水浸渍 —— 杀青

很多辛香料在采摘后要进行热水浸渍以使其体内的酶受热失活从而使产品的质量可以在较长时间内保持稳定称之为杀青。如八角茴香、胡椒等需进行杀青处理。

3. 脱水干燥

辛香料在采集时含水量往往高达 80% 以上，不便于运输和保存，往往需进行干燥处理。除采用自然晾干、日晒晾干等传统方法外，目前已采用高温烘烤（温度达 1100℃，处理 10 ～ 12s 即可）、冻结干燥与真空干燥法（用于大蒜洋葱等含有热敏物质的辛香料）进行脱水处理。如通过脱水干燥可以制备脱水洋葱粉与脱水大蒜粉。

4. 辛香料的粉碎

有相当数量的辛香料需粉碎成粉末状才可使用，经粉碎的辛香料粒径控制在 20 ～ 60 目（美国标准）之间较合适。当然辛香料的粒度大小要视需要而定，一般认为细小的颗粒有利于用作食品调料，香味成分可以快速均匀地分散到食物中，并使香味的强度稳定。但粉碎辛香料也有其局限性，如其香味质量会在粉碎与贮藏过程中损失，在操作过程中会产生较多不愉快的尘埃等。

5. 辛香料的灭菌

辛香料常作为食品添加剂直接应用到食品中，为了使用安全，辛香料常常需进行灭菌处理。常用的灭菌方法有用二氧化碳、环氧乙烷等化学气体作为灭菌剂的化学灭菌法，也可以采用辐射灭菌法紫外线灭菌法。

采用化学灭菌法时，所选用的化学灭菌剂应符合以下要求：

（1）在室温时能形成气体或气泡，即其沸点应低于室温

（2）穿透力强，能达到并穿透细菌表皮，同时容易从辛香料上除去；

（3）灭菌能力强，在较低浓度下具有灭菌能力；

（4）所选用的灭菌剂要求毒性低、无腐蚀性及爆炸性；

（5）价格低廉。

环氧乙烷的沸点为 109℃，室温下为气体，在水中的溶解度很大，又有较强的穿透能力，可以穿透塑料、纸板及固体粉末，暴露在空气中环氧乙烷又能很快

消散，同时环氧乙烷与多数辛香料不发生化学反应所以环氧乙烷是一种较合适的灭菌剂。但环氧乙烷与空气可形成爆炸性气体，使用时需加入二氧化碳或氟里昂等惰性气体使用。环氧乙烷之所以可以起到灭菌作用，是因为环氧乙烷会与菌体内蛋白质上的 -COOH，$-NH_2$，-OH，-SH 等基团的 H 发生化学反应使细菌的代谢产生不可逆的损害。

第三节　天然香料的提取工艺与方法

天然香料有多种提取方法，一般用水蒸气蒸馏压榨、溶剂萃取、吸附、精密分馏等方法。具体使用哪种方法依原料的性质、香料的用途等决定，为了使天然的花果和植物的香气再现，必须以最适当的方法将有效成分分离出来。近年来发展起来的超临界 CO_2 萃取技术以及降膜式高效精馏塔的使用，在天然香料开发方面开始大显身手。

用水蒸气蒸馏法和压榨法制取的天然香料，通常是芳香的挥发性油状物统称精油，其中压榨法制取的产物也称压榨油；超临界萃取法制得的产物一般也属于精油。浸取法是利用挥发性溶剂浸提芳香植物，产品经过溶剂脱除（回收）处理后，通常成为半固态膏状物，故称为浸膏；某些芳香植物（如香荚兰）及动物分泌物经乙醇溶液浸提后，有效成分溶解于其中而成为澄清溶液，这种溶液则称为酊液。

用非挥发性溶剂吸收法制取的植物性天然香料一般混溶于脂类非挥发性溶剂之中，故称香脂。将浸膏或香脂用高纯度的乙醇（酒精）溶解滤去植物蜡等固态杂质，将乙醇蒸除后得到的浓缩物称为净油。

下面分类介绍植物性天然香料的主要提取方法及一些重要的植物性天然香料的工艺流程。

一、水蒸气蒸馏法

把植物采集后装入蒸馏釜中，通入水蒸气加热，使水和精油成分（沸点 150 ～ 300℃）蒸出冷凝后把精油分出。大部分精油不溶于水。

水蒸气蒸馏法生产精油有水中蒸馏、水上蒸馏和水汽蒸馏三种形式。如图 3-1 所示为三种蒸馏方法设备简图。这三种蒸馏方式各有所长，适应于各种不同的情况。水中蒸馏加热温度一般为95℃左右，这对植物原料中的高沸点成分来说，不易蒸出；另外，在直接加热方式中易现糊焦。水上蒸馏和水汽蒸馏不适应易结块及细粉状原料，但这两种蒸馏法生产出的精油质量较好。采用水汽蒸馏在工艺操作上对温度和压力的变化可自行调节，生产出的精油质量也最佳。

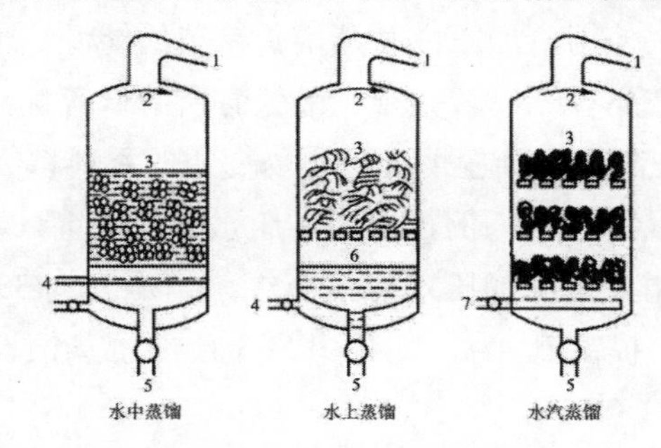

图 3-1 三种蒸馏方法设备简图

1 —冷凝器　2 —挡板　3 —植物原料　4 —加热水蒸气

5 —出液口　6 —水　7 —水蒸气入口

水蒸气蒸馏法生产设备主要由蒸馏器、冷凝器、油水分离器三个部分组成。其生产工艺流程如图3-2所示。

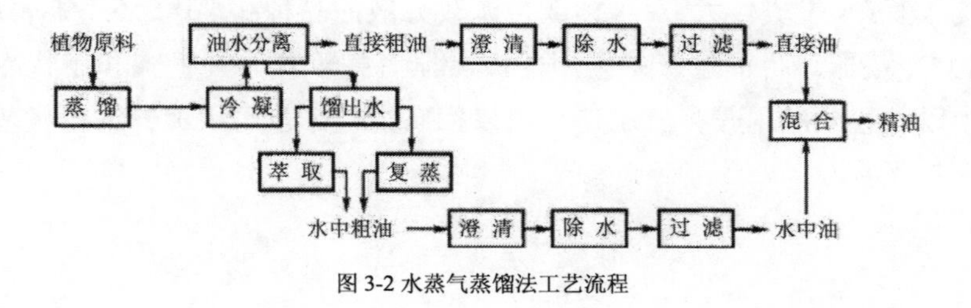

图 3-2 水蒸气蒸馏法工艺流程

（一）水蒸气蒸馏设备

水蒸气蒸馏设备，大体上可分为简易单锅蒸馏、加压串联蒸馏和连续蒸馏三种类型。

（1）简易单锅蒸馏设备。可分为两种情况，即单锅固定式和单锅倾倒式。单锅固定式水蒸气蒸馏设备适用于水中蒸馏、水上蒸馏和水汽蒸馏三种蒸馏方式，可采用直接明火和水蒸气两种加热方式。由于它具有结构简单、制作方便操作容易、便于移动等特点，故广为采用。例如，利用水中蒸馏加工玫瑰花、白兰花和橙花等，利用水上蒸馏加工薄荷、留兰香、薰衣草、香叶天竺葵和山苍子等。单钢倾倒式水蒸气蒸馏设备结构与固定式相近似，仅于蒸馏筒体中部增添一个旋转轴，蒸馏完毕后，利用传动装置将蒸锅旋转 180° 而使蒸锅内残渣倾倒入运输车内，从而减轻劳动强度，提高设备使用率。该设备适用于水上蒸馏法加工香茅草、薰衣草、广藿香、香紫苏、树兰花和叶等。

（2）加压串联蒸馏设备。为了提高生产效率，在工业生产中有时将 2 ～ 4 台加压蒸馏锅串联起来使用。加压串联蒸馏具有节约能源、节约设备投资、得油率高、产品质量好、产品香气比较完善、酸值有所降低等优点。该方法特别适用于含高沸点成分，并在高温和高压情况下不易变质的香料植物（如香根草、香茅、甘松、树兰花等）。以香根草为例，采用常压水蒸气蒸馏，蒸馏时间长达 72h，得油率为 2% 左右。如果采用加压水蒸气蒸馏，当压力为 392kPa 时，蒸馏时间可缩短到 20h，得油率提高到 4%，如果串联 3 台加压蒸馏设备，生产效率还将大大提高。

（3）连续蒸馏设备。连续蒸馏生产植物性精油一般采用直接水蒸气蒸馏，并连续进出料。这种设备的特点是生产效率高，节省劳力，可改善劳动条件。该设备特别适宜用来蒸馏日处理量较大且容易蒸馏的品种，例如柠檬草、薰衣草、留兰香、香紫苏、香叶、天竺葵、丁香罗勒、薄荷、香茅等。由上海轻工设计院设计的双柱式连续蒸馏装置，日处理原料为 40 ～ 60t，使用效果良好。但由于该设备结构较复杂，投资较大，对种植或资源较分散的品种和地区，还不能普遍采用。

（4）冷凝器。目前生产中采用的冷凝器有蛇管式、列管式和栅状冷凝管三种，其中以蛇管式应用较多。制造材料以铝质为佳，也可用镀锌铁皮代替。其设备如图 3-3 所示。

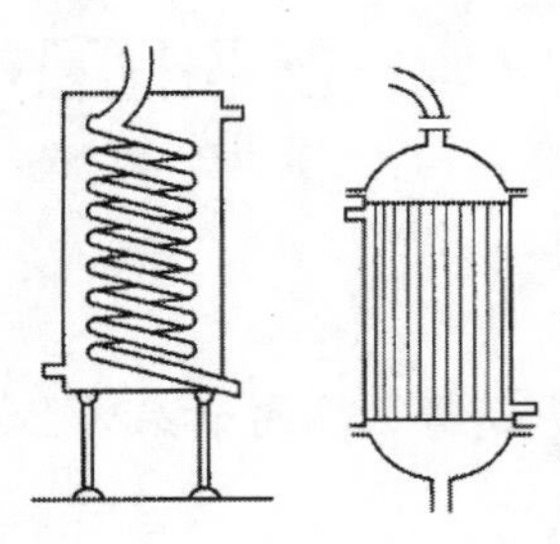

图 3-3 冷凝器

（5）油水分离器。油水分离器亦称分油器，其作用是承接从冷凝器流出的馏出液，然后根据精油与水之间的密度不同而使之分离。油水分离器的容积一般为蒸馏锅容积的 3% 左右，其设备如图 3-4 所示。

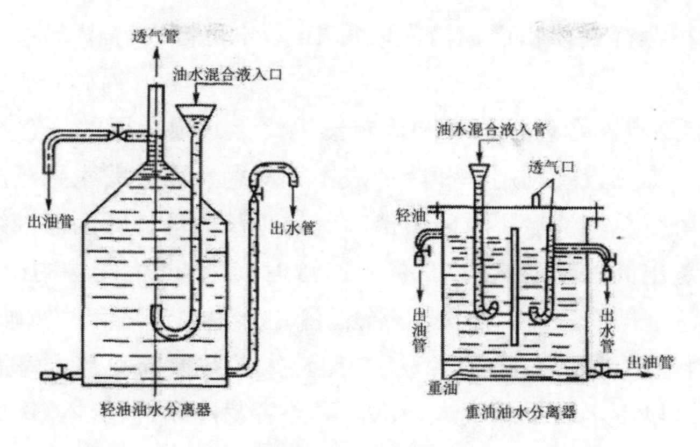

图 3-4 油水分离器

（二）工艺要求

水蒸气蒸馏工艺主要有以下几点。

（1）准备工作。收集供蒸馏的植物原料应尽量少带非主要含油部分。如以花为主的原料，则应尽量少带茎和叶，特别是不应夹带含有异味的小草和杂物。蒸馏加工点应选在距种植地较近或资源相对集中的地方，尽量避免长途运输。运输装车时应尽量避免过度堆垛，以防止原料受压发热而造成油分损失。供蒸馏的原料，一般均要求及时加工，部分品种例外。蒸馏前，应视各原料品种的特点和原料的性质确定合理的预处理措施，如切割、粉碎储存或浸泡等。

在启用新的或长久放置的设备以及蒸馏过其他香料的设备时，应先充分洗刷干净，并进行空蒸，直至各种不良气味清除干净为止。

（2）装料。蒸馏锅加水后将隔板放好，然后将原料装入。装料的基本要求是均匀、松散度要一致，四周应压紧。装载密度要适宜不要过紧或过松。过紧水蒸气不易通过，延长蒸馏时间，影响出油率和油的品质；过松则装载量减少，影响设备效率。一般装料体积为蒸锅有效容积的 70% ～ 80%。

（3）加热。加热一般有锅底直接加热、间接蒸汽加热和直接蒸汽加热三种方式。无论采取何种蒸馏方式和加热方式在蒸馏开始阶段均应缓慢加热，缓慢加热阶段一般应维持 0.5 ～ 1h，然后才可以按蒸馏需要，逐渐加大热源使之维持正常蒸馏速度。在蒸馏过程中，热源供应要力求保持平稳，不宜忽大忽小。在蒸馏结束前 10 ～ 15min，应加大火力或蒸汽量，以便将原料中残余的精油尽可能蒸馏出来。

（4）蒸馏速度。任何一种蒸馏方式，在开始阶段，其流速应小些，以后可以逐渐增大。按蒸馏锅体积而论，常取每 1h 蒸出蒸馏锅容积 5% ～ 10% 液体的馏出速度。

（5）蒸馏终点。合理地选择和确定蒸馏终点是很重要的，它不仅关系到节省燃料和时间，提高设备利用率和降低成本等问题，而且关系到精油的产率和质量。理论上，所得总精油量不再随蒸馏时间的延长而增加即为蒸馏终点。但在实际生产中，当蒸出的总精油量的 90% ～ 95% 时，就可作为蒸馏的结束时间。判定蒸馏终点的方法一般有三种：油珠观察法、测定蒸馏曲线法和磷钨酸溶液测试法。

（6）冷凝。精油和水混合蒸汽的冷凝，大多数要求冷却到室温。鲜花类精油应冷却到室温以下，对于黏度大、沸点高、容易冷凝的精油，例如香根油、鸢尾油等，冷凝温度一般保持在 40 ～ 60℃。

（7）油水分离。根据精油和水的密度不同，采用油水分离器将二者分开。为了加强油水分离的效果，可以采用两个或两个以上的油水分离器串联起来使用。一般均采用间歇放油和连续出水的形式。

（8）粗油精制。从油水分离器分离出的直接粗油和从馏出水中回收的水中粗油，都要分别进行净化精制处理。净化精制过程一般包括澄清、脱水和过滤三个步骤。直接粗油经净化精制后称为“直接油”，水中粗油经净化精制后称为“水中油”。直接油和水中油混合后，才成为精油产品。

水蒸气蒸馏法的特点是：热水能浸透植物组织，能有效地把精油蒸出，并且设备简单、容易操作、成本低、产量大。绝大多数芳香植物均可用水蒸气蒸馏法生产精油。但加热时成分容易化学变化，而且对水溶性成分含量比较多的精油不适用例如茉莉、紫罗兰、金合欢、风信子等一些鲜花。

在最为常用、产量较大的天然植物香料中，有很大一部分是用水蒸气蒸馏法生产的，例如薄荷油、留兰香油、广藿香油、薰衣草油、玫瑰油、白兰叶油以及桂油、茴油、桉叶油、伊兰油等。作为很重要的半合成原料的香茅油也是利用水蒸气蒸馏法生产的。

二、浸提法

浸提法也称液固萃取法，是用挥发性有机溶剂将原料中的某些成分转移到溶剂相中，然后通过蒸发、蒸馏等手段回收有机溶剂，而得到所需的较为纯净的萃取组分（图 3-5）。用浸提法从芳香植物中提取芳香成分，所得的浸提液中，尚含有植物蜡、色素脂肪纤维淀粉糖类等难溶物质或高熔点杂质。蒸发浓缩将溶剂回收后，往往得到的是膏状物质称为浸膏。用乙醇溶解浸膏后滤去固体杂质，再通过减压蒸馏回收乙醇后，可以得到净油。直接使用乙醇浸提芳香物质，则所得产品称为酊剂。

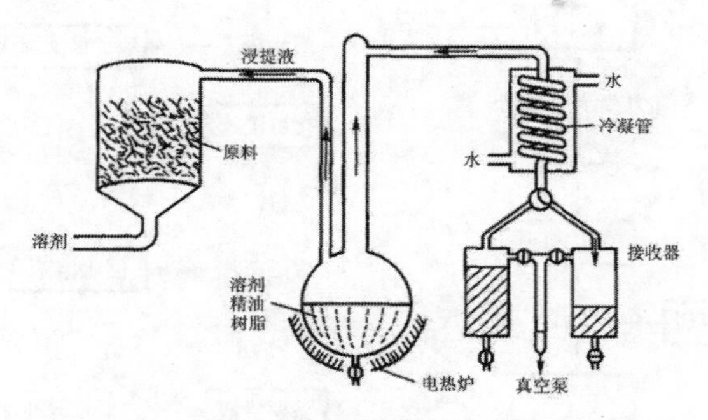

图 3-5 溶剂浸提香精油示意图

（一）浸提操作方式

一般将浸提操作分为固定浸提、搅拌浸提、转动浸提和逆流浸提四种方式，区分的依据主要是固体原料在浸提过程中的运动形态。在固定浸提操作中，浸泡在有机溶剂中的原料静止不动，溶剂则既可以是静止的，也可以处于回流循环状态。搅拌浸提是采用刮板式搅拌器，溶剂和浸泡在其中的花层在缓慢转动中充分接触浸提效率比固定浸提有所提高，特别适用于玫瑰桂花等鲜花的加工。转动浸提采用转鼓式浸提机将原料装入转鼓并注入溶剂后转动转鼓，使原料和溶剂做相对运动，浸提效率和处理能力较搅拌浸提又有所提高，特别适合于小花茉莉、白兰、墨红等鲜花加工。

以上三种浸提方式均属于间歇式操作，而逆流浸提则属于连续式操作或半连续式操作，主要设备形式有泳浸桨叶式连续浸提器和平转式连续浸提器，它们的共同特点是借助一定的运动机构（螺旋推进器或平转扇形料斗）推动固体原料的运动，溶剂则以逆流或错流的方式一次性或循环地通过花层。这种浸提方式的处理能力及浸提效率均是最高的，特别适用于需大批量加工的墨红、栀子等鲜花的加工，缺点的是鲜花在运动中易受损伤因而产品中杂质较多。

对浸提溶剂的选择，首先应遵循无毒或低毒、不易燃易爆、化学稳定性好和无色无味的原则，其次要兼顾其对于芳香成分和杂质的溶解选择性，并尽量选择沸点较低的溶剂以利于蒸除回收。目前我国常用的浸提溶剂主要有石油醚、乙醇、苯、二氯乙烷等。

按照产品的形态浸提操作的工艺流程分为浸膏生产工艺（图 3-6）、净油生产工艺（图 3-7）及酊剂制备工艺（图 3-8）。

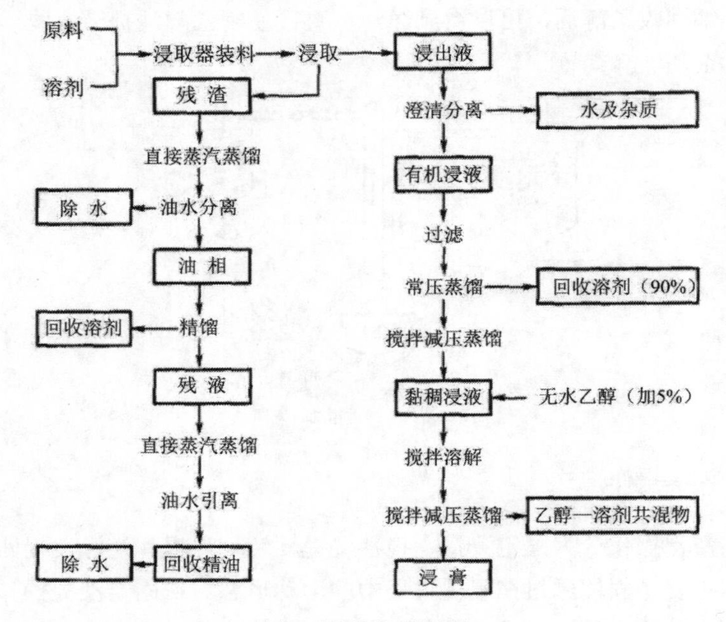

图 3-6 浸膏生产工艺流程

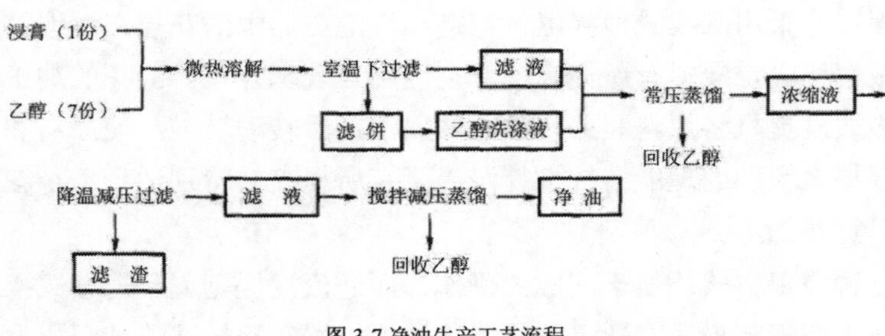

图 3-7 净油生产工艺流程

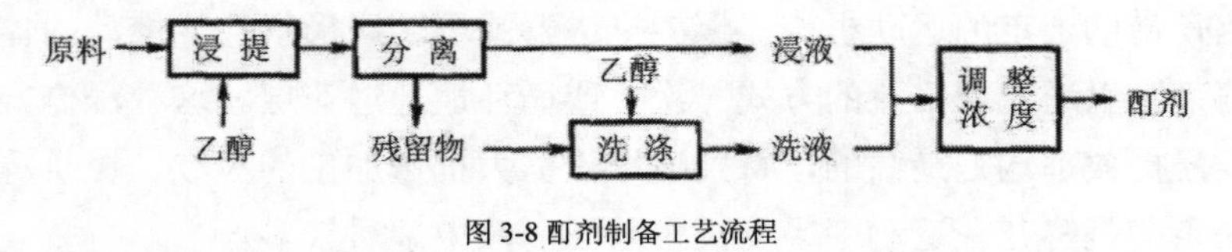

图 3-8 酊剂制备工艺流程

（二）工艺要求

浸提法工艺要求的要点如下：

（1）装料。加料的质量与浸提效率密切相关。在加料时应注意物料颗粒不可太大，要使物料与溶剂有最大的接触面，料层不可太厚，要有利于溶剂的渗透和精油的扩散。对于固定浸提、搅拌浸提及逆流浸提，其装载量一般为浸提器的80%～90%。

（2）物料与溶剂比。溶剂的加入量，对于固定浸提和搅拌浸提一般为（1∶4）～（1∶5）kg/L；对于转动浸提一般为（1∶3）～（1∶3.5）kg/L；对于逆流浸提，溶剂是连续加入的，其总加入量约为原料的4倍。

（3）浸提温度。浸提温度对浸提效率和产品质量有直接影响。一般来讲，浸提温度提高，则浸出率增大，但浸提选择性差，杂质增多，产品质量下降。对于名贵鲜花类的浸提，最好采用室温下浸提。只有对难以浸出的芳香植物才采用加温浸提。

（4）浸提时间。理论上浸提终点时间是指溶剂中浓度与物料中的浓度开始呈动态平衡时的这一时间。为提高生产效率和保证产品质量，在工业生产中往往达到平衡时理论得率的80～85%即可停止浸提。浸提时间的长短主要取决于原料品种和原料组织情况，如白兰花浸提时间要用3h，而大花茉莉只需15min。

（5）浸液浓缩。为了得到浸膏或香树脂类的产品，必须将浸液中的溶剂蒸除回收。一般采取两步蒸馏法。先进行常压蒸馏回收大部分溶剂，然后在80～84kPa和35～40℃下进行减压蒸馏。当减压浓缩到半凝固状态时，绝大部分溶剂已被回收出来。但对于某些含有植物蜡较多的浸膏，粗膏中还含有15%～30%的溶剂。为了把这些残留在浸膏中的少量溶剂在短时间内快速脱除，常往粗膏中加入5%左右的无水乙醇使粗浸膏充分溶解，然后在高于浸膏熔点温度2～3℃和93～95kPa下减压蒸馏20min，蒸出乙醇—石油醚共沸物，即可得到浸膏。

比较典型的浸膏和净油产品如大花茉莉浸膏、墨红浸膏、桂花浸膏、树苔浸膏、茉莉浸油、白兰浸油等在我国均有大量生产，由香荚兰豆大批量制取香荚兰酊的工业开发也正在进行。

茉莉浸膏生产过程中使用的溶剂是石油醚，采用两步蒸馏法（常压蒸馏+减压蒸馏）回收溶剂。在墨红浸膏、桂花浸膏的生产中使用的有机溶剂也是石油醚，树苔浸膏的有机溶剂是乙醇。

为了比较完全地脱除和回收石油醚，一般在进行减压蒸馏之前向粗膏液内加入少量无水乙醇，形成乙醇—石油醚共沸物后，再经减压蒸馏脱除以制得精制的浸膏。

某些鲜花原料进行浸取之前，还需进一步预加工处理，如桂花要先经过腌制，树苔及其树花要先经过酶解。这些预处理的目的是促进有效芳香成分更多、更快地扩散传递到溶剂之中。

由于浸提法可以在低温下进行，所以能更好地保留芳香成分的原有香韵。正因为如此，名贵鲜花类的浸提大多在室温下进行。此外，浸提法还可以提取一些不挥发性的有味成分，因此浸膏类香料在食品香精中有着广泛的应用。

三、压榨法

压榨法主要用于柑橘类精油的生产。这些精油中的萜烯及其衍生物的含量高达 90% 以上，这些萜烯类化合物在高温下容易发生氧化、聚合等反应。因此如用水蒸气蒸馏法进行加工会导致产品香气失真。压榨法最大的特点是其过程是在室温下进行，可使精油香气质量得到保证。目前压榨法制取精油的工艺技术已很成熟，依靠先进设备实现了绝大部分生产过程的自动化。主要的生产设备有螺旋压榨机和平板磨橘机（或激振磨橘机）两种。螺旋压榨法的主要生产设备是螺旋压榨机。这种压榨机既可压榨果皮生产精油，也可压榨果肉生产果汁，是最常用的现代化生产设备。这种机器旋转压榨力很强，果皮很容易被压得粉碎而导致果胶大量析出，产生乳化作用而使油水分离困难。可用石灰水浸泡果皮，使果胶转变为不溶于水的果胶酸钙。在淋洗时用 0.2% ～ 0.3% 的硫酸钠水溶液防止胶体的生成，提高油水分离的效率。

螺旋压榨机的工作原理：由于旋转着的螺旋体在榨笼内的推进，使原料连续向前移动，原料细胞中的精油被压出。螺旋转速为 50r/min，最大处理量为 400 ～ 500kg/h。

螺旋压榨机主要由机座部分、加料装置、压榨部分、排渣装置、传动部分和电气系统等组成其结构如图 3-9 所示。

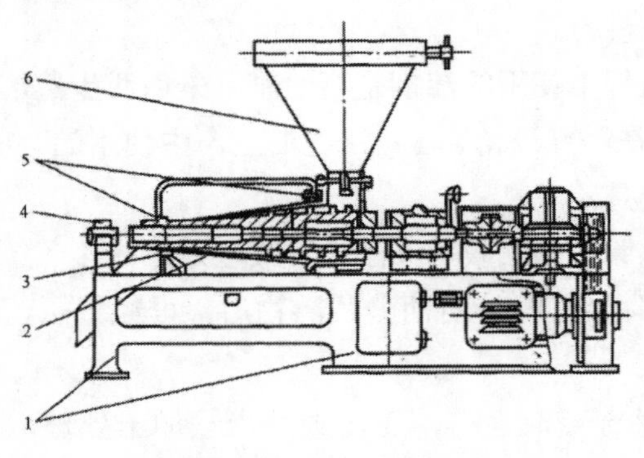

图 3-9 螺旋压榨机

1- 支座　2- 榨笼　3- 螺旋　4- 螺旋轴　5- 喷淋水管　6- 加料斗

螺旋压榨法的工艺流程如图 3-10 所示。

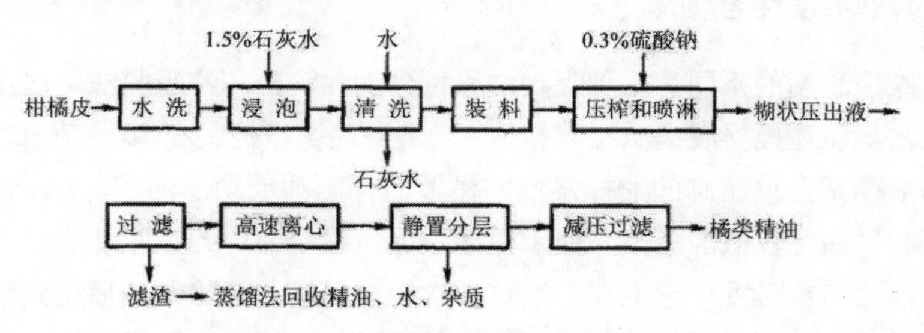

图 3-10 螺旋压榨法的工艺流程

使用平板磨橘机或激振磨橘机生产橘类精油的方法称为整果磨橘法。虽然装入磨橘机的是整果，但实际磨破的仍是果皮。果皮细胞磨破后精油渗出，用水喷淋再经分离即得精油。由于果皮并未剧烈压榨粉碎，所以果胶析出发生乳化的问题并不严重。整果磨橘法的工艺流程如 3-11 所示。

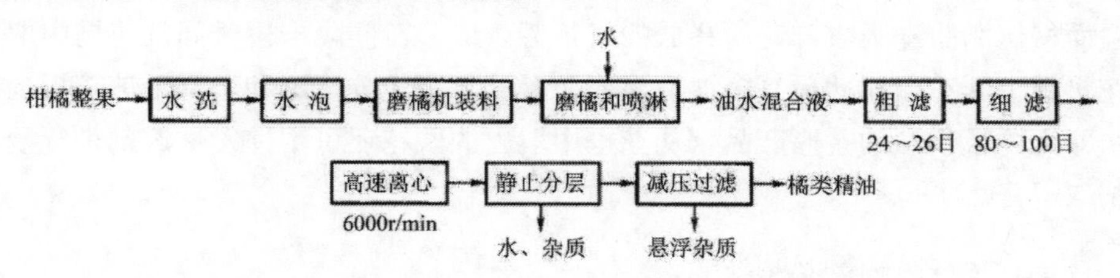

图 3-11 整果磨橘法的工艺流程

如上所述的冷磨或冷榨法虽然可以避免柑橘类精油中的大量萜烯类化合物遇高温而反应，但是冷磨冷榨法制得的柑橘类精油如经长期放置仍然会发生萜烯类化合物氧化或聚合而影响精油质量。为获得高质量的柑橘类精油，就需进行除萜处理，一般分为两步，首先用减压蒸馏去除单萜烯，然后用 70% 的稀乙醇萃取经过减压蒸馏的高沸点精油以除去沸点较高的倍半萜烯和二萜烯。

压榨法生产的压榨油产品主要包括甜橙油、柠檬油、红橘油、香柠檬油、佛手油等，这些产品都是深受人们喜爱的天然香料，在饮料、食品、香水、香皂、牙膏、化妆品以及烟用酒用香精中都有广泛的应用，甚至还被用于胶黏剂和涂料之中。

四、吸收法

吸收法生产天然香料有非挥发性溶剂吸收法和固体吸附剂吸收法两种主要形式，常用于处理一些名贵鲜花。固体吸附剂吸收法实质上是典型的吸附操作，所得产品也是精油，而非挥发性溶剂吸收法中所得的是香脂。

（一）非挥发性溶剂吸收法

根据操作温度的不同，这种吸收法又可分为温浸法和冷吸收法。温浸法的主要生产工艺与前述搅拌浸提法极其相似，只是浸提操作控制在 50 ～ 70℃下进行，所使用的溶剂是经过精制的非挥发性的橄榄油、麻油或动物油脂，在 50 ～ 70℃下这些油脂呈黏度较低的液态，便于搅拌浸提。温浸法中的吸收油脂一般总要反复使用直至油脂被芳香成分饱和。经过一次搅拌温浸并筛除残花后得到的油脂称为一次吸收油脂。一次吸收油脂与新的鲜花经过二次搅拌温浸后得到二次吸收油脂。吸收油脂就是这样被反复利用，直至接近饱和即可冷却而得所需的香脂。

冷吸收法是在特定尺寸的木制花框中的多层玻璃板的上下两面涂敷“脂肪基”，再在玻璃板上铺满鲜花。所谓的“脂肪基”是指冷吸收法专用的膏状猪、牛脂肪混合物，系将 2 份精制猪油和 1 份精制牛油加热混合、充分搅拌再冷却至室温而得。脂肪基吸收鲜花所释放的气体芳香成分，间隔一段时间从花框中取出残花再铺上新花，如此反复多次直至脂肪基被芳香成分所饱和，刮下玻璃板上的脂肪即为冷吸收法的香脂产品。从花框中取出的残花还可用挥发性溶剂进行浸提以制取浸膏。

（二）固体吸附剂吸收法

某些固体吸附剂如常见的活性炭硅胶等，可以吸附香势较强的鲜花所释放的气体芳香成分，利用这一性质人们开发了固体吸附剂吸收法以制取高品质的天然植物精油，并在 20 世纪 60 年代实现了工业应用。如前所述，此法乃典型的吸附循环操作，包括吸附、脱附和脱附液蒸馏分离三个主要步骤，所用的脱附剂一般为石油醚，蒸馏分离一般亦含常压蒸馏和减压蒸馏两步。吸附是用空气吹过花室内的花层再与吸附器内的吸附剂接触进行气相吸附，空气进入花室之前要分别经过过滤和增湿处理，以保证高质量精油的纯净，避免吸附剂被污染，并提高空气的芳香能力。固体吸附剂吸收法设备如图 3-12 所示，所加工的原料为香势很强的、比较鲜嫩的花朵。

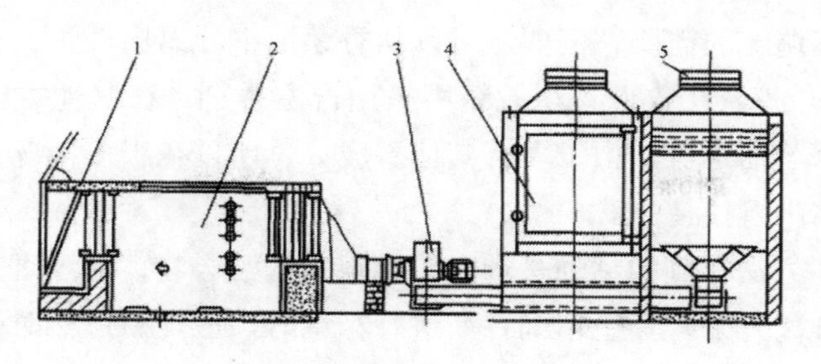

图 3-12 固体吸附剂吸收法设备

1 —空气过滤器　2 —增温室　3 —鼓风机

4 —花室　5 —活性炭吸附器

上述两种吸收法的手工操作繁重，生产效率很低。由于吸收法的加工温度不高，没有外加的化学作用和机械损伤，香气的保真效果最佳，产品中的杂质极少，所以产品多为天然香料中的名贵佳品。但是吸收法尤其是冷吸收法和吸附法受其吸收或吸附机制的限制，只适用于芳香成分易于释放的花种，如橙花、兰花、茉莉花、水仙、晚香玉等，而且最好用新采摘的鲜花。

结合大花茉莉精油的制备，固体吸附剂吸收法生产工艺简单归纳如下。

植物原料：大花茉莉花。

生产方法：活性炭吸收法，石油醚洗涤解附。

主要成分：乙酸苄酯、芳樟醇及酯、茉莉酮、茉莉酮酸甲酯等。

主要用途：大花茉莉油、高级化妆品香料。

工艺过程如图 3-13 所示。

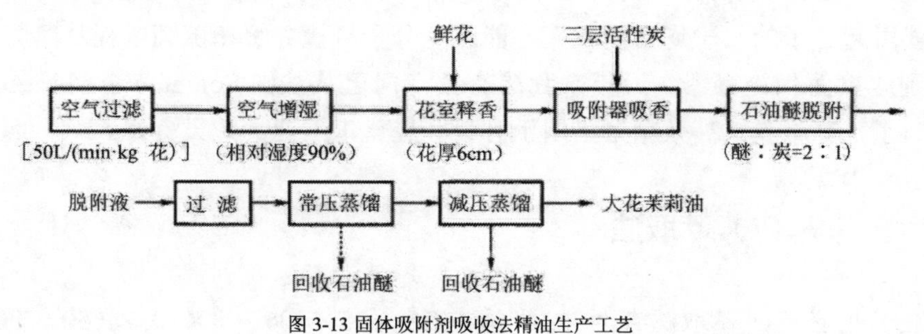

图 3-13 固体吸附剂吸收法精油生产工艺

五、精馏法

要制取高纯度单离香料，可将所得精油进行单离。所谓单离香料就是从天然香料（主要是植物性天然香料）中分离出比较纯净的某一种特定的香成分，以便更好地满足香精调配的需要。例如，可以从香茅油中分离出一种具有玫瑰花香的萜烯醇——香叶醇，在玫瑰香型香精中被用作主香剂，在其他香型香精中也被广泛使用。而香茅油本身，由于含有其他香成分，所以在很多情况下就不能像香叶醇一样在香精中直接使用。

通常用上述方法得到的精油是沸点范围很大的混合物，通过真空精馏可将多组分按沸点差分离开来，真空精馏香料进行精馏时，应注意过热时引起的馏分变化及蒸馏残渣热分解时发生异臭对香气成分的影响等问题。

一般来说精油精馏作业规模较小，操作要求较高，使用填料塔进行间歇精馏较为普遍。塔高一般为 300 ～ 400cm，塔径 30 ～ 35cm，塔中的填料最好选用分离效率高的不锈钢丝网波纹填料，使整塔的理论塔板数不小于 30 即可。

精馏设备系统包括塔釜、精馏塔、冷凝器（或分凝器）、回流比分配器、冷却器、接收器、真空泵等设备。操作时，先将精油加入塔釜中，开动真空泵至系统达到预定真空度，再用间接水蒸气或其他载热体将精油加热至沸腾。精油汽化后升入精馏塔中，经与塔中填料和回流液体反复接触，进行传热传质易挥发组分逐渐增浓，上升至塔顶后，进入冷凝器冷凝。冷凝液经过回流比分配器调节后，一部分流回塔顶作为回流液，另一部分则流入冷却器进一步冷却，然后放入接收器内作为馏出产品。精馏过程中，根据不同塔顶温度适当截取馏分，即可以得到含量在 95% 以上的单离香料。

蒸馏器的真空度愈高，油的沸点愈低，将此原理引到短路蒸馏器，就产生一种降膜式蒸发器或称分子蒸馏器。在分子蒸馏器中压力降低到 0.1Pa（1×10^{-6}bar）时，就引起分子的“平均自由程”，能避免分子碰撞并缓和蒸馏过程从薄膜通过短路到达大面积冷凝器。近年来我国有关部门已从法国 Soumare 公司等外国公司进口了几套降膜式高效精馏塔用于香料和轻化工工业，效果良好。

六、超界 CO_2 萃取法

在工业上，CO_2 萃取法有两种：即液态 CO_2 在 5×106 ～ 8×105Pa（50 ～ 80bar）和 0 ～ 10℃ 的亚临界条件下萃取芳香油；还有的是有选择性地、在超临界条件下萃取酒花和除去咖啡因的咖啡以及一些天然香料的高效提取。CO_2 萃取与其他任何方法相比，因为具有萃取温度低，溶剂性质不活泼的特点，所以能提供一种更接近某种天然植物的香味和口味。

亚临界 CO_2 萃取的芳香油组分的相对分子质量通常在 400 以下，这些油类是溶于酒精的。亚临界 CO_2 萃取现已用于姜、豆蔻、刺柏果和丁子香芽等香精油的提取 CO_2 的临界温度（T）为 30.06℃，临界状态压力（P）为 7.38×105Pa（738bar），超过此温度和压力就是超临界状态。超临界流体（SCF）的密度与液体相近，黏度与气体相似（表 3-14），溶质在其中的扩散速度可为液体的 100 倍。这是超临界流体萃取能力优于溶剂的理由。而且流体的密度愈大，萃取能力也愈强，变化温度和压力可改变萃取性能使其对某物质的萃取具有选择性。

表 3-14　超临界流体与气体、液体流体力学性质比较

性质	气体	SCF	液体
密度（g/cm^3）	0.0006 ～ 0.002	0.2 ～ 0.9	0.6 ～ 1.6
黏度 [$10^{-4}g/（cm·s）$]	1 ～ 3	1 ～ 9	20 ～ 300
扩散系数（cm^2/s）	0.1 ～ 0.4	0.0007 ～ 0.002	0.000002 ～ 0.00002

超临界流体提取工艺流程如图 3-14 所示，在室温下液体溶剂（如液态 CO_2）从储罐经高压泵增压到萃取压力 P（Pc），送入热交换器加热到萃取温度 T（Tc）后，进入已装入原料的抽出槽萃取出所需成分。溶剂与萃取成分构成的超临界流体经减压阀减压进入分离槽，产生节流效应，改变压力或温度或者两者同时改变实现溶剂与萃取成分的分离。气化的溶剂用冷却或压缩的方法，或者两者并用成为液体进入储罐循环使用，萃取产物从分离槽中取出。在实际生产中，超临界流体萃取作为一个单元操作可与其他分离单元操作进行各种组合，例如采用多级萃取或蒸馏、吸附等并用，以得到最佳分离效果。超临界流体萃取法作为天然香料的提取新技术，在我国具有很大的发展潜力。

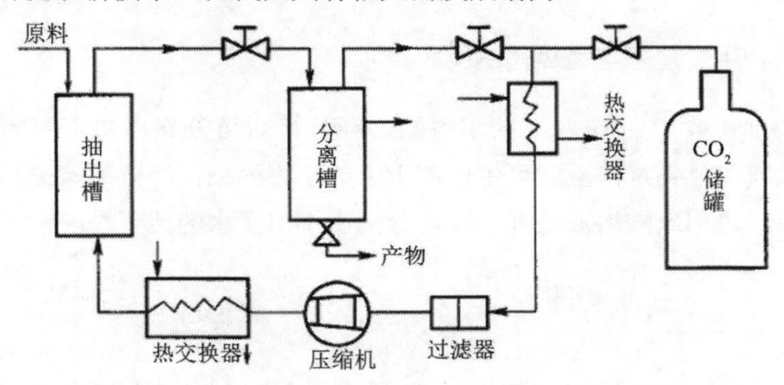

图 3-14 超临界流体提取工艺流程图

早在 20 世纪 80 年代，国外许多香料公司已采用超临界 CO_2 萃取天然香料，如日本高砂香料公司 1989 年装配了 1 台 300L，压力 $3437N/cm^3$ 超临界 CO_2 萃取设备。超临界流体的性质介乎液相与气相之间，其密度近乎液相而传质性质类

似于可压缩性气体，因而具有高溶解能力。溶质在超临界流体中的溶解度，随压力和温度的变化有明显改变，特别是在临界点附近 $0.9<Tr<1.2$，$1.0<Pr<3.0$（$Pr=P/Pc$，$Tr=T/Tc$ 分别为对比压力和对比温度）的区域内，温度和压力的微小变化导致流体密度的极大改变，从而可相当大程度地改变溶质的溶解度。由于 CO_2 无毒，不可燃，对环境无污染、廉价、比较适宜的临界温度（31℃）和临界压力（7.4MPa）和对许多天然产物成分的优良溶解能力，该方法具有广阔的应用前景。

七、化学纯化法

从天然精油中单离出来的有机香料化合物有时采用化学方法纯化，下面仅就单离香料常用化学纯化方法进行介绍。

（一）羰基与亚硫酸氢钠加成纯化

在香茅油中约含 40% 的香茅醛，分馏香茅油可得粗香茅醛。粗香茅醛与浓度为 35% 的亚硫酸氢钠发生加成反应，可生成磺酸钠盐沉淀物，经过滤将其分离出来后再用氢氧化钠水溶液处理可得纯香茅醛。

香茅油 —单离→ 粗香茅醛（CHO） —35%$NaHSO_3$→ （沉淀）（OH, H, OSO_2Na） —过滤，NaOH→ 纯香茅醛（CHO）

（二）利用酚羟基与氢氧化钠反应

在丁香油中含有 80% 左右的丁香酚，经分馏后可分离出粗丁香酚。向粗丁香酚中加入氢氧化钠水溶液，可生成溶于水的丁香酚钠，经分离除去不溶于水的有机杂质后，再用硫酸溶液处理，即可分离出不溶于水的纯丁香酚。

丁香油 —单离→ 粗丁香酚（OH, OCH_3, $CH_2CH=CH_2$）（不溶于水） —NaOH→ 丁香酚钠（ONa, OCH_3, $CH_2CH=CH_2$）（溶于水） —H_2SO_4→ 纯丁香酚（OH, OCH_3, $CH_2CH=CH_2$）（不溶于水）

（三）利用醇羟基与硼酸的酯化反应

芳樟油、玫瑰木油中均含有80%左右芳樟醇。粗芳樟醇与硼酸或硼酸丁酯反应，能生成高沸点的硼酸芳樟酯。经减压蒸馏除去低沸点的有机杂质，留下高沸点的硼酸芳樟酯，经加热水解，可生成纯芳樟醇和硼酸沉淀。

芳樟油 —单离→ 粗芳樟醇 —H_3BO_3，苯→ 硼酸芳樟脂 —H_2O，△→ 纯芳樟醇 + H_3BO_3

还有一些化学纯化法的例子。如工业上柏木脑的生产过程，首先将柏木脑与铬酸反应结晶生成铬酸柏木盐（$C_{15}H_{25}$）$_2CrO_4$，然后水解得粗柏木脑，然后加以精制得到高纯柏木脑。再如往松油中加入25%的硫酸，其中的松油醇转化成水合萜二醇晶体而得以从松油中分离出来，然后在酸的存在下进行水蒸气蒸馏，使水合萜二醇转化为高纯松油醇。

八、结晶分离技术

很多天然香料和合成香料的最终产品是以固体形态存在的，结晶往往是生产过程的最终工序，也是固体香料产品质量把关的关键工序。相对于其他分离方法，结晶过程有以下特点：

（1）能从杂质含量相当多的溶液或多组分的熔融混合物中分离出高纯或超高纯晶体；

（2）对于许多难分离的混合物系，例如同分异构体混合物、共沸物等适用于结晶分离；

（3）物质的结晶潜热一般仅为蒸发潜热的1/3 ～ 1/10，因此结晶操作的能耗较低；

（4）结晶过程操作温度较低，待别适合于热敏性物质的分离提纯。

因此，结晶分离技术在香料生产中的应用得到了广泛重视。目前主要有溶液结晶技术、冻析结晶技术、精馏 — 冻析结晶耦合技术和升华结晶技术。

（一）溶液结晶技术

在各种结晶技术中溶液结晶技术是最常用的。溶液结晶是指通过冷却或溶剂蒸发等方法使溶液达到过饱和从而使溶质自溶液中析出的过程。目前工业上采用溶液结晶法进行香料分离提纯的例子较多。多以乙醇、丙酮等低级醇或酮为溶剂，操作方法是在高温下按一定比例将香料粗品溶解于溶剂中，然后在静置或搅拌下降温结晶，最后过滤分离出固体并经干燥得香料精品。例如洋茉莉醛、麝香草酚及粉檀麝香结晶精制所使用的溶剂为乙醇，经过2～3次冷却结晶，晶体的凝固点分别高于35℃、49℃和36℃。八角茴香油则以甲醇为溶剂进行结晶精制，结晶初温控制在8～10℃之间，终温为-4℃，这样能保证较高的产品纯度和收率。溶液结晶过程的特点是可得到具有一定粒度分布及晶形的颗粒状晶体产品，产品包装、储运及使用均较方便但要求结晶装置具有良好的流体力学性能。目前国内香料企业采用的溶液结晶技术及设备比较落后，常见做法是在高温下将粗品溶解于溶剂中，然后倒入塑料桶等容器中静置于冷库结晶结束后将晶浆倒入离心机进行固液分离。由于静置结晶过程易使晶体聚结成团（有时需用大锤粉碎晶块），难以得到粒度分布均匀且晶形完美的颗粒状产品，而且晶体聚结易引起杂质包藏使结晶过程的提纯效果下降，需要多次重结晶才能达到纯度要求，导致收率的降低和操作成本的上升。

在溶液结晶过程中，操作条件及溶剂类型对产品的晶形、纯度、色泽等有很大影响。其中，当几种溶剂可供选择时，一般从产品的晶形、溶剂的回收等方面进行考虑。在溶液结晶中，根据溶解度与温度的关系可分别采用冷却结晶、蒸发结晶、真空结晶等方法。溶液结晶法工艺简单，但一般只适用于与溶液结晶过程产生的母液中一般还含有一定分量的目的产物，需采取其他方法进行浓缩回收，使溶质的含量达到一定浓度后再进行结晶，而且过程中使用的溶剂也需进行回收处理。

（二）冻析结晶技术

冻析结晶是根据物质之间凝固点的不同而实现物质分离的过程。许多香料都是从天然提取物或合成产物中分离出来的，这些提取物或合成产物基本上是由相对分子质量相近的同系物或同分异构体组成的，它们的特点是沸点相近，而且一般具有明显的热敏性，所以不能采用精馏进行分离提纯，但这些组分之间的凝固点一般差异较大，因此冻析结晶成为香料分离提纯的常用方法之一。工业上采用冻析结晶法分离提纯香料的例子较多，比如将含薄荷脑为80%左右的精油放入50～70℃的结晶间，经过为期十多天的缓慢降温结晶可得到香气纯正、清凉、熔点为42～44℃的薄荷脑产品；采用结晶法提纯人造麝香DDH，产品熔点为100℃，收率可达到63%以上。对于初始混合物形成固体溶液的香料物系的分离，通过一次冻析结晶过程往往达不到纯度要求，此时可在结晶过程结束后，通过缓慢提高粗晶体的温度，使其部分熔化而将杂质排出，使产品纯度进一步提高，这步操作称为“发汗”过程。工业上采用冻析结晶—发汗法的例子如桉叶素的分离提纯。

冻析结晶法具有能耗低、产品纯度高、环境污染少、操作温度低、不需加入其他溶剂等优点，能保持天然香料的“天然”本色。在冻析结晶中通常采用悬浮结晶法和逐步冷凝结晶法。冻析结晶法要求结晶装置中具有严格的温度分布，因此对过程的控制要求较高。

以从薄荷油中单离薄荷为例，将其冻析结晶技术工艺流程简单归纳如图 3-15 所示。

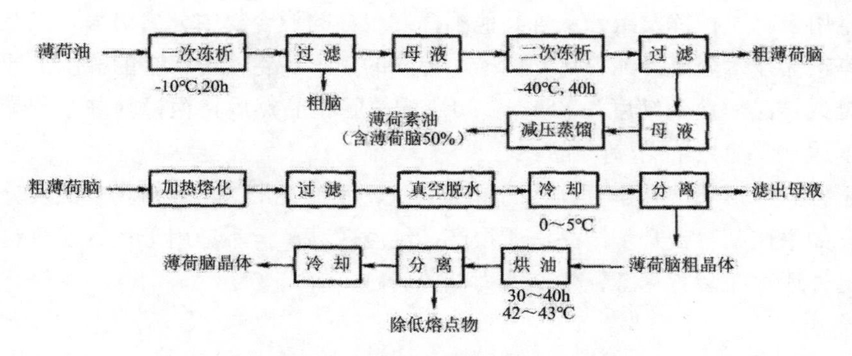

图 3-15 薄荷油冻析结晶技术工艺流程

（三）精馏——冻析结晶耦合技术

冻析结晶技术的优势是产品纯度高，操作能耗低，但这些优势只有在原料纯度相对较高的条件下才能较好地体现出来，因此在利用冻析结晶技术对天然香料或合成香料进行提纯之前，一般采用精馏技术进行粗分离；另外冻析结晶过程排出残液也需通过精馏进行浓缩后才能返回冻析结晶单元；对于一些属固体溶液型的难分离香料物系，一般需要经过多次固液平衡才能得到高纯产品，但在冻析结晶装置中实现多次固液平衡远不如在精馏塔中实现多次气液平衡方便，因此，在香料生产中精馏—冻析结晶耦合技术是常见的分离手段。例如在合成樟脑的提纯工艺中，首先将合成樟脑的粗产品进行精馏处理，待塔釜的樟脑达到一定浓度后，放入冻析结晶器进行结晶精制可得 98% 的樟脑产品。人造麝香 DDHI 是一种高熔点、高沸点且易氧化的有机物，采用精馏或结晶单一分离手段均达不到提纯目的，宜采用减压精馏一冻析结晶耦合工艺。在精馏部分，目的不是从反应液中直接得到高纯 DDHI 产品，而是试图采用较少的塔板及较小的回流比从反应物中分离出符合冻析结晶要求的粗品 DDHI 减少塔釜受热时间，最后粗产品通过多次冻析结晶与发汗操作可达到所需纯度。利用该耦合技术提纯 DDHI，总收率可达到 60% 以上，比原来精馏工艺提高 13%。

精馏 — 冻析结晶耦合法不仅能够有效地解决易结晶物质在分离过程中晶体析出而堵塞装置系统的问题，而且可以提高产品的纯度，加大传质推动力，强化精馏过程。

（四）升华结晶技术

升华指的是固体受热后直接变成蒸气，遇冷再由蒸气直接冷凝成固体。升华过程常用于将一种挥发组分从含其他不挥发组分的混合物中分离出来。工业上采用升华结晶技术分离提纯香料的例子如樟脑的生产。将富含樟脑的樟脑油或樟油经精馏或结晶后达到纯度为 85% ～ 90% 的樟脑粗品然后将粗樟脑进行升华可得到纯度达 98% 以上的精制产品。

根据具体形式，升华可分为简单真空法、简单夹带法、分布真空法及分布夹带法。如果控制得当升华结晶法所得产品纯度较高，但不适用于热敏性香料的分离，另外还存在装置复杂、生产能力低等问题。

第四节　常用天然香料的生产实例

为了加深对植物性香料生产工艺的理解，下面选几个生产实例进一步加以说明。

一、玫瑰油的生产

原料：玫瑰花（蔷薇科植物）。

生产方法：水中蒸馏。

主要成分：香茅醇、香叶醇、苯乙醇、橙花醇、氧化玫瑰等。

用途：食用、烟用香料，花香型高级化妆品香精原料。

生产工艺流程如图 3-16 所示。

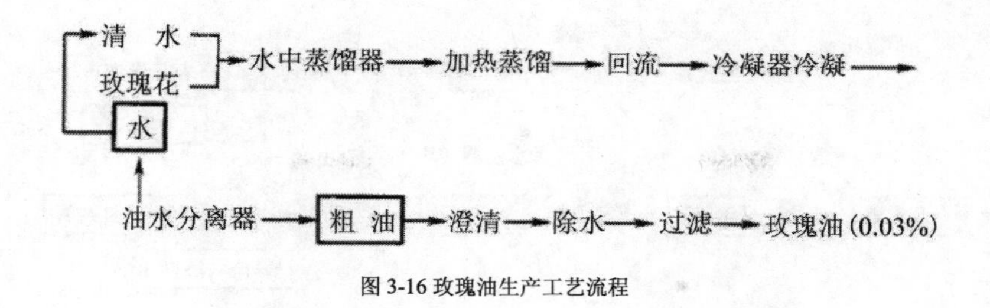

图 3-16 玫瑰油生产工艺流程

二、樟脑的生产

原料：樟树干、枝、叶、根均可（樟树科植物）。
生产方法：水汽蒸馏。
主要成分：樟脑（50%）、桉叶油素（20%）、黄樟油素等。
用途：皂用、除臭剂香料、单离樟脑。
生产工艺流程如图 3-17 所示。

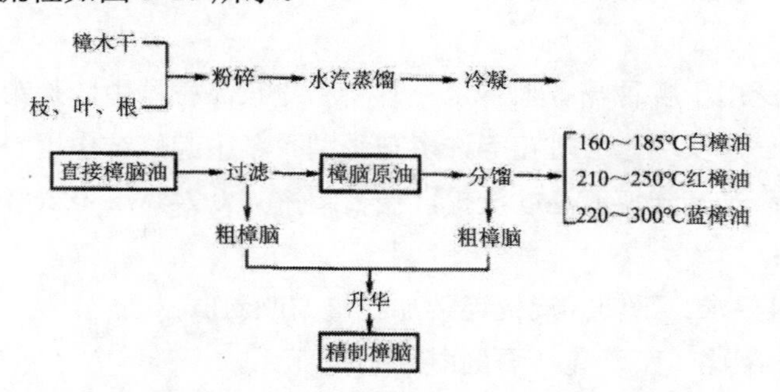

图 3-17 樟脑的生产工艺流程

三、墨红浸膏的生产

原料：墨红花（蔷薇科植物）。
生产方法：转鼓式浸取—石油醚溶剂。
主要成分：香茅醇、芳樟醇、香叶醇等。
用途：食品、化妆品香精原料。
生产工艺流程如图 3-18 所示。

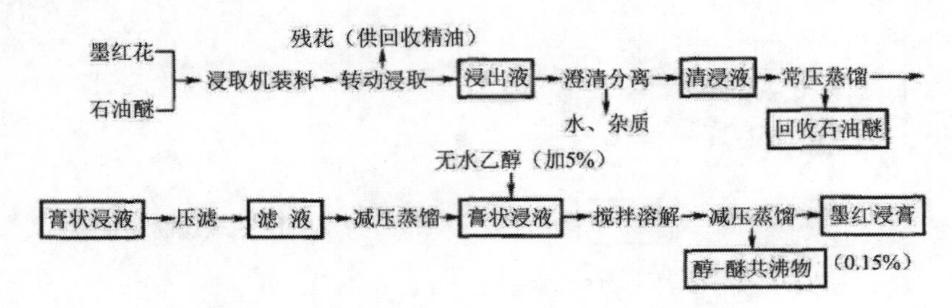

图 3-18 墨红浸膏的生产工艺流程

四、茉莉浸膏的生产

原料：茉莉花，木樨科茉莉属，常绿小灌木。学名 Jasminum Sambac Ait。原产印度，早在 1000 多年前即传入我国，广州、福州、苏州等地均有茉莉浸膏生产。

主要成分：苄醇、乙酸苄酯、苯甲酸苄酯、茉莉内酯、茉莉酮酸甲酯、茉莉酮、吲哚等。

用途：广泛用于各种花香型香水、香皂和化妆品香精中，是茉莉香精的主香剂。在素心兰、紫罗兰、含羞花等许多花香型香精中起修饰作用。

生产方法：平转式逆流连续浸提，浸膏得率为 0.24% ～ 0.26%。

工艺条件：

（1）装料要求。平转式浸提连续加花量 800kg/h。

（2）物料配比。茉莉花：石油醚 =1kg∶4L。

（3）浸提温度。室温。

（4）浸提转速。平转式为 128r/min。

（5）浸提时间。平转式浸提为 96min/ 次

（6）浸提浓缩。先常压蒸馏回收溶剂，浓缩液浓度控制在 20 ～ 30g/L，降至室温后过滤，再在 40℃、80kPa 条件下进行真空浓缩，即可得到粗茉莉浸膏。

（7）脱醚制膏。在所得的粗茉莉浸膏中尚残存 17% 左右的石油醚，为进一步除去石油醚向粗膏中加入浸膏量 5% 的无水乙醇，在搅拌条件下逐步加温至 55℃，压力控制在 922kPa 下减压蒸馏 20min 左右，使乙醇一石油醚混合液尽量蒸除，即可得到茉莉浸膏。

（8）花渣处理。在花渣中尚含有一定数量的溶剂，向装有花渣的蒸馏器中直接通入水蒸气，然后经油水分离器将溶剂分离出来。所剩残渣再用直接蒸汽蒸

馏法蒸馏 4 ～ 5h，尚可回收少许茉莉精油。

工艺流程如图 3-19 所示。

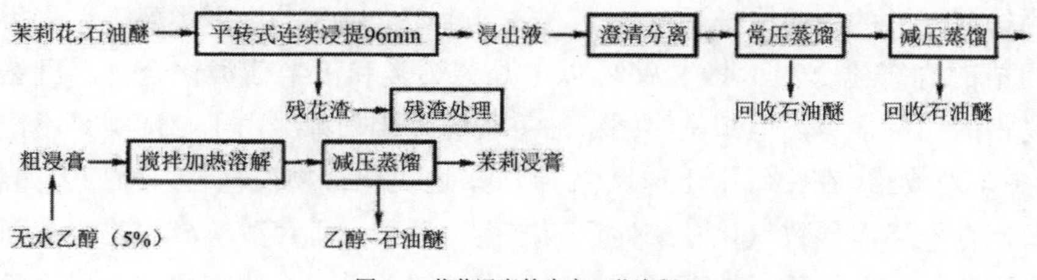

图 3-19 茉莉浸膏的生产工艺流程

五、柑橘香精油的生产

从柑橘属植物的果皮中提取香精油，目前大多以压榨或冷压法制得。利用压榨法产生的精油，因未经热处理以及油中含有天然抗氧化物（如生育酚），比蒸馏油具有较佳的气味。压榨法的主要设备有螺旋压榨机和整果冷磨机两种，可根据不同的情况具体选用。螺旋压榨机既可压榨果皮生产精油，也可压榨果肉生产果汁。整果冷磨机是柑橘类整果加工的定型设备，虽然装入的是柑橘类整果，但实际上磨破的仍然是皮上细胞，细胞磨破后精油渗出，然后被水喷淋下来，经分离得精油。

冷榨柑橘果皮精油的一般工艺要点如下。

（1）选料。鲜皮与干皮均要求无霉烂变质。

（2）浸泡。用 1% ～ 1.5% 石灰水浸泡 6 ～ 8h，浸泡液与果皮的比例为 4∶1。用石灰水浸泡果皮，可使果胶转变为不溶于水的果胶酸钙，可避免因果皮破碎而导致果胶大量榨出，产生乳化作用而使油水分离困难。

（3）清洗。用清水洗去浸泡剂。

（4）压榨。用螺旋压榨机，调节出渣控制口，加料时，应将加料斗上的进水阀门打开，使果皮与水流入榨机内。在生产过程中要进行喷淋，喷淋水循环使用，为防止压榨过程中产生精油黏稠乳胶液，在喷淋液中加入 0.2% ～ 0.3% 硫酸钠，可提高油水分离效果。

（5）沉淀与过滤。残渣可蒸馏回收精油。

（6）离心分离。经过滤和沉降后的油水混合液，经高速离心机（6000r/min）分离后，才能获得精油。

（7）当精油微浑浊时，可用无水 Na_2SO_4 脱水，经静置澄清，将上层澄清透明精油抽出过滤，沉淀层再用高速离心机分离，在有条件的情况下，可采用低温过滤脱蜡。

柑橘属精油的主要成分是萜烯类、倍半萜烯类以及高级醇类醛类、酮类、酯类等组成的含氧化合物，其中 95% 以上是萜烯类和倍半萜类化合物，虽然含氧化合物占的比例很小，但却是柑橘精油香气的主要来源。由于萜烯类是不饱和烃类，对热、光敏感，在空气中迅速氧化，因此，这类化合物很容易因为加工如蒸馏、蒸发及储存不当而导致氧化及酶促反应产生香芹酮、香芹醇等异味物，从而使精油品质下降，并缩短其货架期。因此，生产上需要进一步浓缩香精，以脱除萜烯类化合物，这样不仅可提高柑橘油的风味强度，而且由于萜烯类浓度下降而提高了产品的稳定性和溶解性。同时也由于产品体积的减小可降低储存和运输成本。

柑橘类精油由于含有大量不稳定的萜烯（如柠檬烯等），在作香精使用前，常用 60% ～ 75% 乙醇（体积分数）进行部分脱萜。单萜只能微溶于稀乙醇中，倍半萜、二萜以及烷烃几乎全不溶解于稀乙醇，而含氧化合物在稀乙醇中却有较高的溶解度。浓缩及除萜方法就是利用这一特性进行的。

其脱萜的具体操作过程是：将 40% ～ 60% 乙醇 100 份（由 56 份 95% 的乙醇与 44 份水组成）与橙油等柑橘系精油 10 ～ 20 份装入有搅拌装置的抽出锅中，在 60 ～ 80℃ 搅拌 2 ～ 3h 而温浸，或在常温下搅拌一定时间而冷浸，将之密闭保存 2 ～ 3 日后，分液取出下层的乙醇溶液，剩余部分即为粗香精，呈白色混浊状，在约 -5℃ 冷却数日，加过滤助剂趁冷滤出析出的不溶物质，得透明淡黄色的溶液，依要求调和，就成为制品。

另外，利用超临界 CO_2 可分离冷榨甜橙油中的芳香物质。通过调节压力和温度，使萜烯类化合物在 CO_2 中的溶解度达到最大，然后分离出 CO_2，留下的几乎是甜橙精油的含氧化合物。在压力 8MPa 和温度为 60 ～ 70℃ 的条件下，能有效地除去萜烯烃类。也有研究认为，在 10.3MPa 和 60℃ 的条件下操作，能浓缩柠檬油的含氧化合物。利用超临界 CO_2 提取浓缩柑橘精油中含氧成分，所用的条件是压力 4.1 ～ 9.5MPa，温度 31.1 ～ 100℃。

如图 3-20 所示是超临界 CO_2 装置脱除柑橘香精油的示意图，将含萜烯多的精油连续进入多段分离萃取塔的中部。各部分的压力、温度是 $P_1>P_2$，$T_1>T_2>T_3$，则在 CO_2 中溶解大的萜烯成分随 CO_2 从塔顶移出并浓集，除去 CO_2 得萜烯。非萜烯的含氧成分从塔底浓集下来，从而获得柑橘香精油和萜类二烯产品。

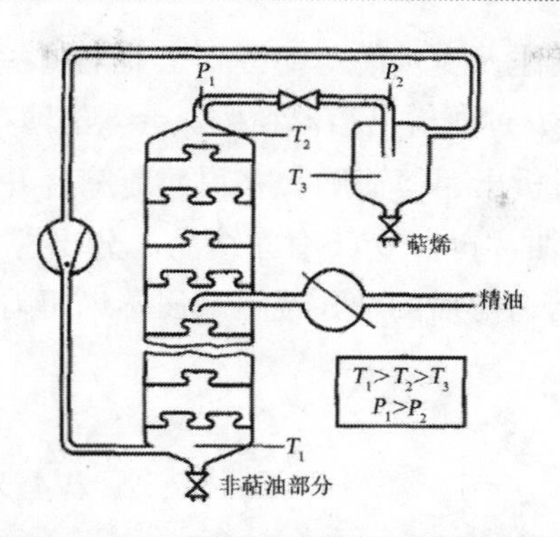

图 3-20 超临界 CO_2 装置脱除柑橘香精油中菇烯的示意图

六、薄荷醇的生产

薄荷为唇形科植物薄荷（Mentha haplocalys briq）的地上部分，含精油 1% 以上薄荷油为无色或淡黄色透明液体，有强烈薄荷油香气。已从薄荷中分离出 15 种以上成分，主要是单环单萜类含氧衍生物，其中薄荷醇占 75% ～ 85%，薄荷酮占 10% ～ 20%，乙酸薄荷酯占 1% ～ 6%。此外尚有柠檬烯、异薄荷酮、新薄荷酮、桉油精、α- 蒎烯及 β- 蒎烯等。

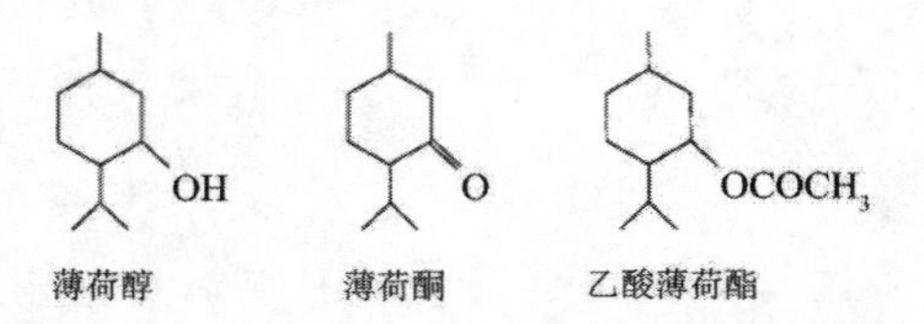

薄荷醇为白色块状或针状结晶，熔点 41℃ ～ 43℃，沸点 212℃，$[\alpha]_D^{18}$为 -15°。薄荷醇具有 3 个手性碳原子，有 8 种立体异构体，但只有（—）- 薄荷醇及（+）- 新薄荷醇存在于薄荷油其余皆为合成品。

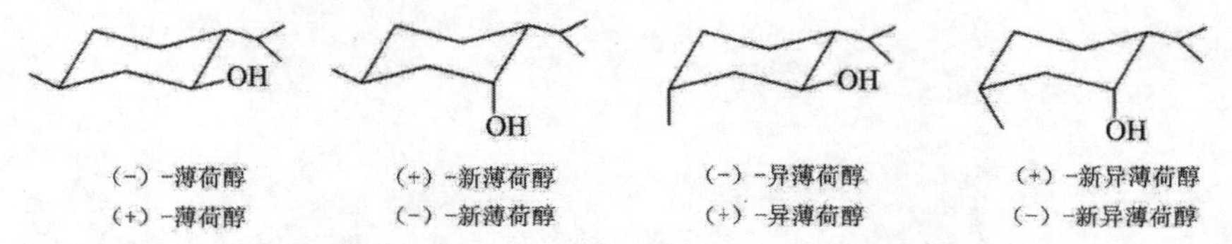

薄荷油的分离是先用精馏法将油分成 20～150℃、150～200℃、200～230℃、230～300℃ 和 300℃ 以上五个馏分，其中第一馏分含有小分子化合物；第二馏分主要含单萜烯类物质；第三馏分含单萜含氧衍生物；第四馏分含倍半萜含氧衍生物。含单萜含氧衍生物的第三馏分在 0℃ 以下的低温放置，可析出薄荷醇结晶，

过滤后的油中主要含薄荷酮及少量的薄荷醇。工业上制备薄荷醇的方法是直接将薄荷油在 -10℃ 冷冻 12h，过滤析出粗薄荷脑。余下的薄荷油在常压下蒸去水后，于 -20℃ 冷冻 24h，又可析出粗薄荷脑。将粗薄荷脑合并后加热熔融，此时得到含 80% ～ 90% 薄荷脑的油，再在 0℃ 冷冻结晶，分出薄荷脑，并用乙醇重结晶即得精制薄荷醇。除去薄荷醇后的油，经过减压蒸馏可得去脑油。

第四章　合成香料及其制备生产

天然香料植物往往受自然条件及加工等因素的限制，在品种数量及产品质量上受到一定的影响。合成香料不受自然条件的限制，质量稳定、生产规模大小可由人们自己安排，产品的价格也要比天然来源的便宜得多。此外，香精的创新和质量的提高也越来越依赖于新的合成香料品种。因此，研制和开拓发展新的合成香料就显得越来越重要。特别是随着近代科学研究和分析技术水平不断提高，已可分离和剖析天然香料中的主要发香成分及其结构，从而通过化学合成法进行研制，既可解决天然香料的不足之处，又可降低经济成本。

第一节　合成香料的制备方法与生产工艺流程

合成香料不仅在数量、质量、作用的广泛性方面起着主导作用，香精在创新和质量的提高上也越来越依赖于新的合成香料品种。

一、合成香料的制备方法

现在一般所说的合成香料，通常包括单离香料、化学合成香料和用生物工程技术制备的香料。单离香料取自成分复杂的天然复体香料，其工业使用价值较高，大量用于香精的调配。天然精油中的某些立体异构体，通过化学合成手段很难合成，所以从天然精油中得到的单离香料有时是各种异构体的混合物，故某些单离香料和纯合成的单体香料相比在香气上会有一定的差别。用生物工程技术制备的香料，即通过植物组织细胞培养、微生物发酵或酶来完成生物合成过程而得到的单体香料。

合成香料的制备涉及许多有机化学反应。如氧化、还原、酯化、水解、缩合、异构化、加成等。合成香料的制备方法包括全合成法、半合成法和生物合成法。

（一）全合成法

全合成法是以各种基本有机化工原料为起始原料，经一系列有机化学反应合成香料化合物。以下是几种典型的全合成法。

1. 石油化工产品合成法

在石油和天然气中含有大量甲烷，甲烷在1500℃下可得到乙炔。以乙炔和丙酮为原料，经炔化反应生成甲基丁炔醇，经还原反应生成甲基丁烯醇，然后与乙酰乙酸乙酯缩合，即可得到甲基庚烯酮。

乙炔和甲基庚烯酮反应生成脱氢芳樟醇。如果将脱氢芳樟醇异构化，可制得柠檬醛。柠檬醛与硫酸羟胺发生肟化反应，最后可制得柠檬腈。合成得到的柠檬醛与丙酮发生缩合反应生成假性紫罗兰酮。在浓硫酸存在下，假性紫罗兰酮经环化反应可制得α-紫罗兰酮和β-紫罗兰酮。如果将脱氢芳樟醇氢化，可制得芳樟醇。芳樟醇经氢化可制得香茅醇。芳樟醇与乙酰乙酸乙酯缩合生成香叶基丙酮，再与乙炔反应生成脱氢橙花叔醇，然后经氢化得到橙花叔醇。

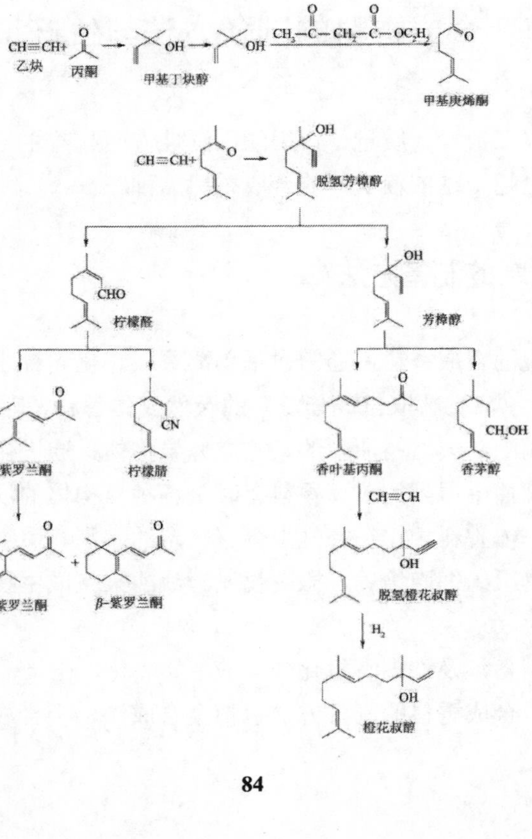

2. 异戊二烯合成法

萜类化合物的碳骨架是由多个异戊二烯分子构成的用于香料的萜类化合物，大多属于单萜、倍半萜和二萜类，所以异戊二烯是合成这些萜类化合物的重要原料之一。近年来，由于石油化学工业的飞速发展，为萜类香料化合物的合成提供了质优、价廉的异戊二烯原料。萜类香料化合物中单萜化合物数量较大，两个异戊二烯分子头尾相连形成二聚体骨架，是萜类香料化合物合成的关键所在。

从异戊二烯为起始原料可以制得氯代异戊烯，然后与丙酮进行加成反应合成甲基庚烯酮，以甲基庚烯酮为原料可以合成柠檬醛、芳樟醇、维生素 A、维生素 E、维生素 K、类胡萝卜素等重要化合物。

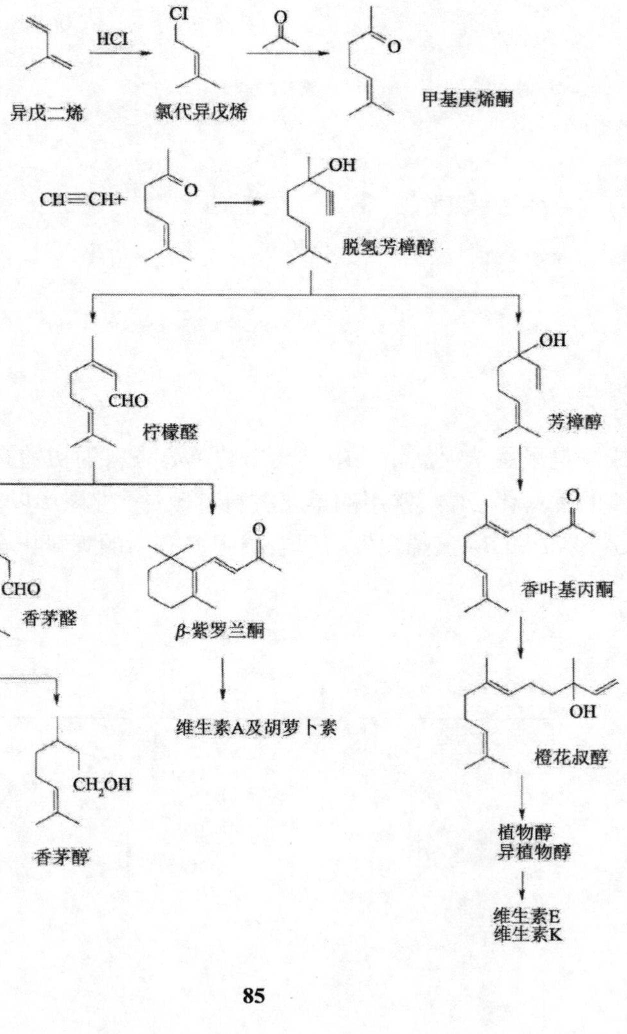

HCl
Cl
O
O
异戊二烯　氯代异戊烯　甲基庚烯酮

CH≡CH+
O
OH
脱氢芳樟醇

CHO
柠檬醛
OH
芳樟醇

CHO
香茅醛
O
β-紫罗兰酮
O
香叶基丙酮

OH
橙花叔醇
维生素A及胡萝卜素

CHO
OH
CH_2OH
羟基香茅醛　香茅醇
植物醇
异植物醇
维生素E
维生素K

3. 以芳香族化合物为原料的合成方法

以芳香族化合物为起始原料，可以合成许多有价值的香料化合物。例如，以愈创木酚为原料可以制备丁香酚。以丁香酚为原料可以制备香兰素。

OH OCH$_3$ + Cl CH$_2$—CH═CH$_2$ $\xrightarrow[Cu]{-HCl}$ OH OCH$_3$ CH$_2$—CH═CH$_2$ + CH$_2$═CHCH$_2$— OH OCH$_3$

愈创木酚　3-氯-1-丙烯　丁香酚

CH$_2$—CH═CH$_2$ OCH$_3$ OH $\xrightarrow[异构化]{KOH}$ CH═CH—CH$_3$ OCH$_3$ OH $\xrightarrow{(CH_3CO)_2O}$ CH═CH—CH$_3$ OCH$_3$ O—OCH$_3$ O 乙酰异丁香酚

丁香酚　异丁香酚

$\xrightarrow[NH_2—C_6H_4—SO_3H]{Na_2Cr_2O_7+H_2SO_4}$ CHO OCH$_3$ O—CCH$_3$ O $\xrightarrow{NaHSO_3}$ OH CH—SO$_3$Na OCH$_3$ OCOCH$_3$ $\xrightarrow[H_2O]{H^+}$ CHO OCH$_3$ OH

乙酰香兰素　乙酰香兰素亚硫酸氢钠加合物　香兰素

（二）半合成法

半合成法是采用从天然精油中单离出的单离香料为初始原料，经过一系列反应合成重要的香料化合物。常用的单离香料有蒎烯、柠檬烯以及单萜类化合物等。例如，从α- 蒎烯和β- 蒎烯出发可以合成很多有用的香料化合物。

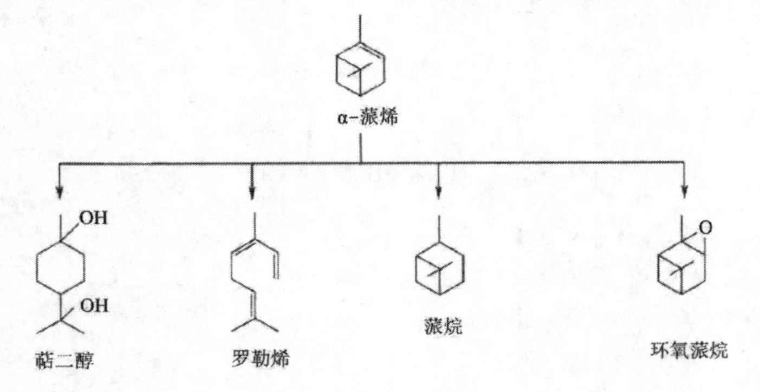

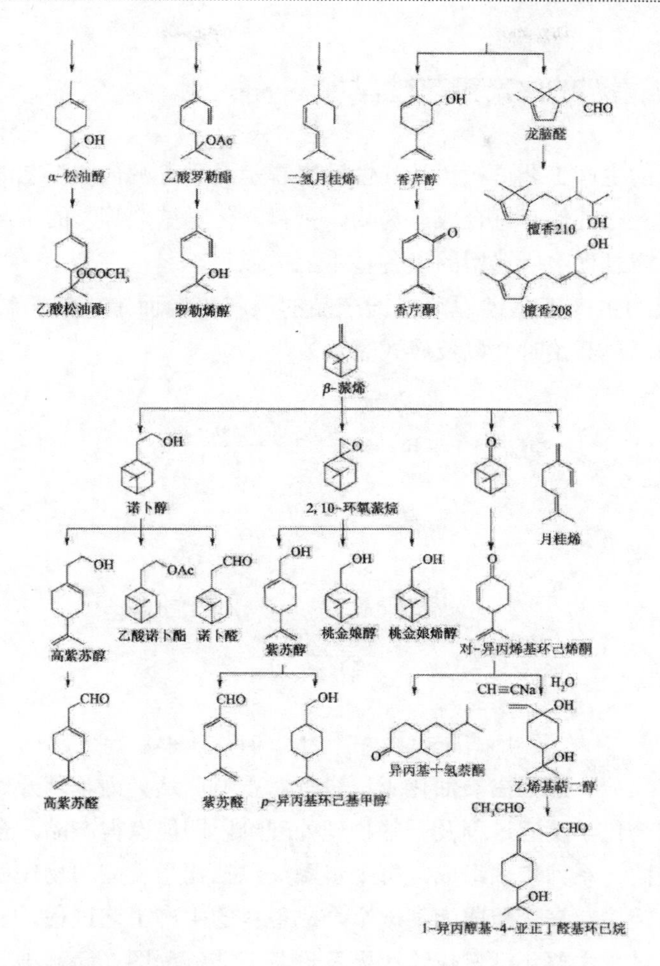

(三) 生物合成法

天然的精油成分是在植物体内通过各种生物化学反应合成的利用生物技术生产，香料主要通过以下手段实现：（1）利用基因工程技术。改良香料植物的基因性状。培养出高产香料物质的植物细胞株；（2）利用植物细胞大规模培养技术，大量培养香料植物，从而获得高价值的香料物质；（3）利用酶工程技术，以酶为催化剂生物转化合成高价值的香料物质；（4）利用微生物发酵技术，通过筛选能够大量产生和积累香料物质的微生物，经微生物发酵产生高价值的香料物质。例如，过去合成大环麝香类化合物的原料多取自天然物质。近年来已广泛利用生物技术获得原料制备大环内酯类化合物。

二、合成香料的生产工艺过程

合成香料的生产工艺过程，从其性质来看是属于有机合成工艺的一部分，因此在生产方式上与其他有机合成（药物、染料、化学试剂等）的生产基本是一致的，因而在生产过程中所选用的设备基本上类似。

合成香料的生产工艺过程须根据产品的原料来源而定，如乙酸莳萝酯的合成，若按基本原料开始时（以反应式表示）。

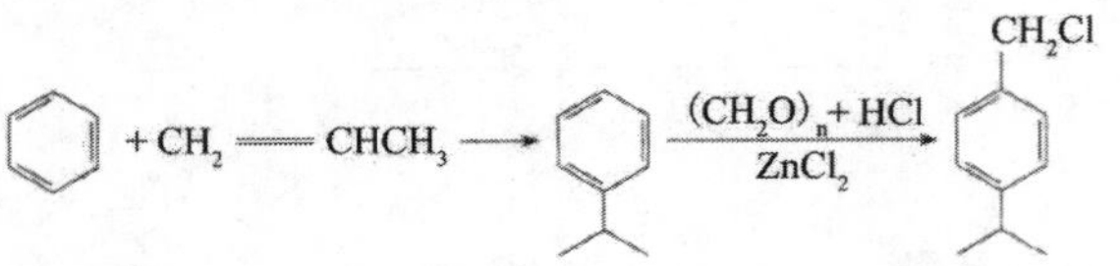

$$\text{苯} + CH_2{=}CHCH_3\ (\text{丙烯}) \longrightarrow \text{异丙苯} \xrightarrow[ZnCl_2]{(CH_2O)_n + HCl} \text{对异丙基苄氯}\ (CH_2Cl)$$

$$\xrightarrow[Na_2CO_3]{H_2O} \text{对异丙基苯甲醇}\ (CH_2OH) \xrightarrow[H^+]{CH_3COOH} \text{乙酸对异丙基苯甲酯}\ (CH_2OC(=O)-CH_3)$$

苯　丙烯　异丙苯　对异丙基苄氯

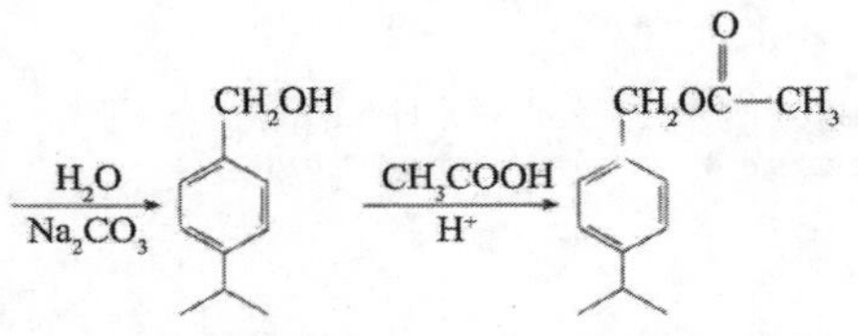

对异丙基苯甲醇　乙酸对异丙基苯甲酯

但第一步反应一般已由石油化工厂进行，香料厂从异丙基苯开始，因而此产品主要经过三个化学反应过程及一些物理处理阶段即能取得产品。合成香料的生产工艺过程是由一系列步骤组成，每个步骤又包括化学反应和物理处理过程，由诸阶段系统地连接起来，即成为某一个合成香料的生产工艺过程。

生产工艺过程主要包括操作流程图及设备工艺流程图（简称工艺流程图）。

操作流程图是根据一定的生产方法制定的，图中注明参与这些操作的物料以及山操作结果所得的产物。操作流程图可以清楚地表示出合成香料生产工艺操作的特点，包括生产方法及参与操作的物料以及它们之间的相互关系，并指出每一步骤中的物质变化，因此操作流程图是表示制取某一单体香料时所选用的合成路线。

设备工艺流程图是说明所选定生产的方式、设备及辅助设备布置情况。在这一流程图中要尽可能指明设备的式样及材质，它们之间的相对位置、相对尺寸及设备上最重要的一些附件（如搅拌器的式样、连接管、加热设备等）。

图 4-1 所示为操作流程图的各项记号，图 4-2 所示为制备水杨酸异戊酯的操作流程图。

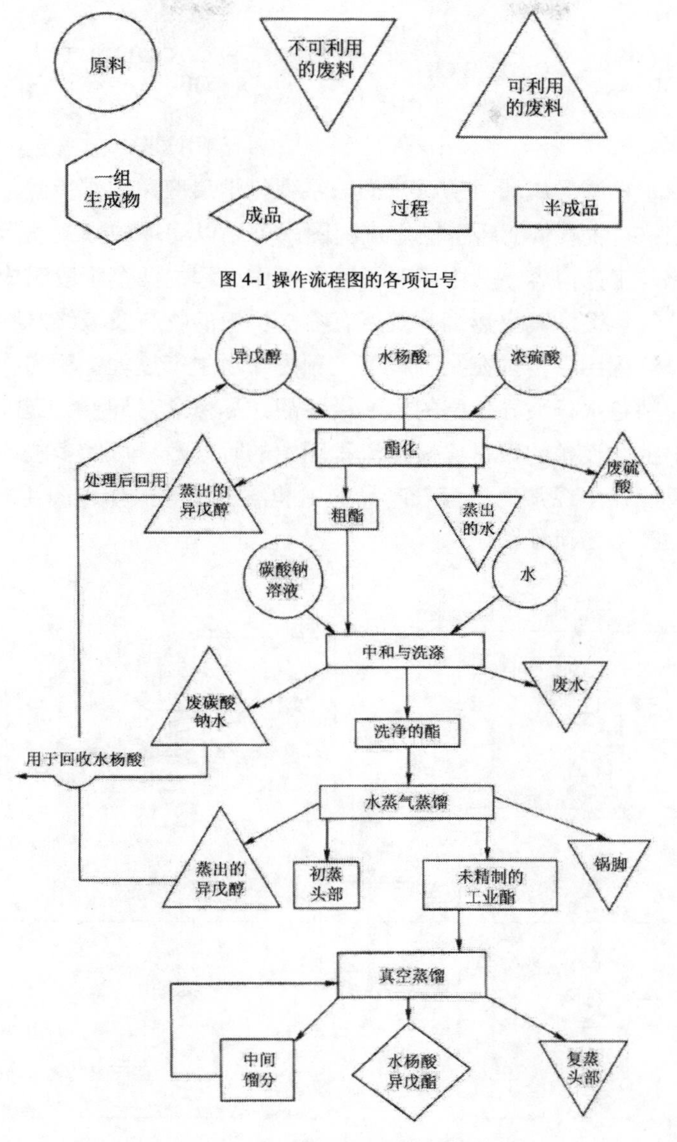

图 4-1 操作流程图的各项记号

图 4-2 制备水杨酸异戊酯的操作流程图

水杨酸异戊酯是常用的酯类香料，为无色液体，有一种强烈持久的药草—草莓香气。它以水杨酸和异戊醇为原料，在催化剂浓硫酸的作用下进行酯化反应，其化学反应式为：

$$\underset{\text{水杨酸}}{C_6H_4(OH)COOH} + \underset{\text{异戊醇}}{HOCH_2CH_2CH(CH_3)_2} \xrightleftharpoons{H_2SO_4} \underset{\text{水杨酸异戊酯}}{C_6H_4(OH)COOCH_2CH_2CH(CH_3)_2} + H_2O$$

至于制取水杨酸异戊酯时所经过的一系列化学反应和操作步骤，在反应式中并没有表示出来。而图 4-2 所示操作流程图就可以以简单的形式表示出生产过程中的物料变化与工艺内容，其中表明了整个操作过程由四个阶段组成（酯化、中和洗涤、水蒸气蒸馏、真空蒸馏）及所有参与反应的物料及最终产物。

通过操作流程图，可以在某种程度上预先知道生产过程中所需要的设备。但关于由水杨酸制备水杨酸异戊酯的生产设备的详尽概念，只能用工艺流程图表示。工艺流程图中主要设备的数目比操作流程图中的阶段数目可能多些或少些，这是因为有时在反应器中经常也进行着产品的中和与洗涤等操作。图 4-3 所示为水杨酸异戊酯的生产工艺流程图。

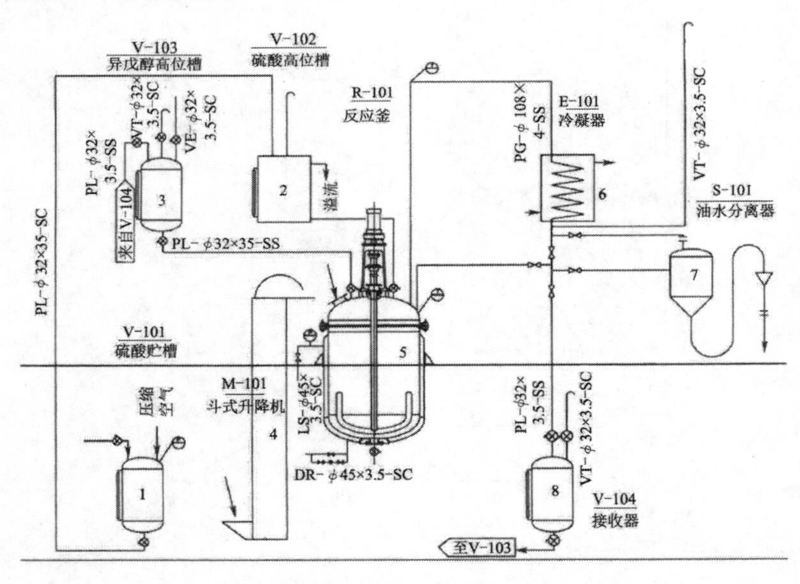

图 4-3 水杨酸异戊酯生产工艺流程图

1—硫酸贮槽　2—高位槽（硫酸）　3—高位槽（异戊醇）　4—式升降器
5—反应器　6—冷凝器　7—油水分离器　8—接收器

由水杨酸制备水杨酸异戊酯的生产过程简述如下：

（1）称量定量的水杨酸，用斗式升降机 4 加入到反应器 5 中。过量的异戊酯借助真空自盛器吸入至高位槽 3，从这里再自行流入反应器中。

（2）浓硫酸用压缩空气自硫酸贮槽1压到高位槽2中。在高位槽2上侧应具有出口管以备溢流，这样过剩的酸就会流到特备的容器中。

（3）在钢质搪瓷反应器5中，装配有80～100r/min的马蹄式搅拌器、温度计、人孔、加料管、出料管以及蒸汽加热夹层。

（4）加热后，关好人孔和加料管路上的阀门。然后开动搅拌器，打开通到夹层的蒸气管阀，使加热没备逐渐接通。当加热到100℃左右反应混合物开始沸腾。在此温度时蒸出异戊醇和水的混合物。

（5）异戊醇和水蒸气，沿着馏出管路而到达铜质冷凝器6，馏出物从冷凝管流向铜质油水分离器7中。下层是水，上层是醇。油水分离器盛满时，上层即返回反应器中，而水分则经过油水分离器下面的鹅颈管而流人下水道。

（6）酯化将近结束时，生成的水量减少。当反应结束后，水就完全停止分出，同时在反应器中蒸汽温度也相应地上升。达到反应终点时，无水馏出，常压回收异戊醇（内温134～150℃）。这样就可以从水量和温度两方面来判断反应是否完成。回收的异戊醇就可收集在铜质接收器8中，然后可以重新利用。醇蒸完毕，关闭搅拌器并停止加热，然后将反应物予以中和洗涤，经水蒸气蒸馏和真空蒸馏等工序，最后制得水杨酸异戊酯产品。

设备工艺流程图不仅表明所用设备的类型，而且还表示了设备之间的相对位置、物料的输送等生产过程。

综上所述，在学习合成香料工艺过程时，只有在熟悉了产品的制备方法（其中包括化学结构及其合成工艺）、操作及工艺流程图之后，才能清楚地获得关于某一合成香料的工艺方法及生产过程的全部概念。

第二节 醇、醛类香料的制备生产

一、醇类香料的制备生产

醇类化合物在香料工业中是一个重要的大类。是香料香精中重要的组成部分，在香料工业中占有重要地位。醇类香料种类占香料总数的20%左右，其中有许多醇对香料工业具有很大的作用，是调配日化香精和食用香精时大量使用的香原料。醇类化合物广泛存在于自然界中，在各种天然精油、香花成分或蔬菜、水果香味挥发物中。醇类香料是普遍存在的，在许多天然芳香油的成分中脂肪醇和萜类醇也占有很大的比例，且种类繁多。例如乙醇、丙醇、丁醇在各种酒类、酱油、食酯、面包中均有存在，苯乙醇是玫瑰、橙花、依兰的主要香成分之一，在香花精油和浸膏中经常发现含有芳樟醇、香叶醇、苯乙醇、松油醇和叶醇等醇类。例如，我国的玫瑰花浸膏，经水蒸气蒸馏，将收集得到的香成分用色—质联用仪进行分析，测得其主要成分为香叶醇、β- 苯乙醇、β- 香叶酸、橙花醇、香茅醇、丁香酚、丁香酚甲醚与苯甲酸苄酯、香叶醇的酯类等。又如在中国黄桃香味成分中就发现有 31 种醇类，它们包括：乙醇、丙醇、仲丁醇、异丁醇、3- 甲基 -2- 丁烯 -1- 醇、2- 甲基 -3- 丁烯 -2- 醇、正戊醇、异戊醇，3- 戊醇、3- 甲基 -1- 戊醇、3- 甲基 -3- 戊醇、己醇、叶醇、反式己烯 -2- 醇、环己醇、庚醇、2- 辛烯 -1- 醇、7- 辛烯 -4- 醇、2- 乙基 -1- 己醇、苄醇、异辛醇、辛醇、α- 二甲基苄醇、苯乙醇、月桂烯醇、芳樟醇、4- 松油醇、α- 松油醇、壬醇、香芹孟烯醇、橙花醇等。

醇是脂肪烃分子中的氢原子或芳香烃侧链上的氢原子被羟基（–OH）取代后的化合物。虽然有些醇类化合物在芳香油（精油）中存在，可通过物理或化学等处理方法（如水蒸气蒸馏、溶剂浸提、吸附、真空蒸馏、超临界萃取及柱层析法、分子蒸馏等）将其分离出来，但有些醇类化合物由于在芳香油中含量极少，可是在调配香精时又不能缺少，须通过化学合成法来进行制备。目前在调香中所使用的许多醇类化合物，大部分是采用化学合成法合成的。而且有些醇类化合物并不存在于自然界，都是经过科学实验筛选后被应用于调香中。

（一）卤代烃水解

卤代烃经水解可制得醇类：

$$RX+H-O-H \rightleftharpoons R-OH+HX$$

这个反应是可逆的，除三级卤代烃外，其他在常温时进行得很慢。因此，在大多数情况下必须加入碱（如氢氧化钠、氢氧化钾或氢氧化钙等）以破坏可逆反应。但在强碱存在下，有些卤代烃经常容易发生副反应，例如仲卤代烃和叔卤代烃容易发生消除反应成为烯烃；有的卤代烃还会和已经水解出来的醇再发生反应。在实验室为了减少产生这种副反应，常用比较缓和的碱性试剂，如 Na_2CO_3、悬浮在水中的氧化铝或氧化银等。

由卤代烃水解合成醇的方法有很大的局限性，因为在一般情况下醇比相应的卤代烃更容易得到。通常是由醇合成卤代烃，只有在相应的卤代烃容易得到时才采用这种方法，如由氯苄和烯丙基氯合成苄醇和烯丙醇：

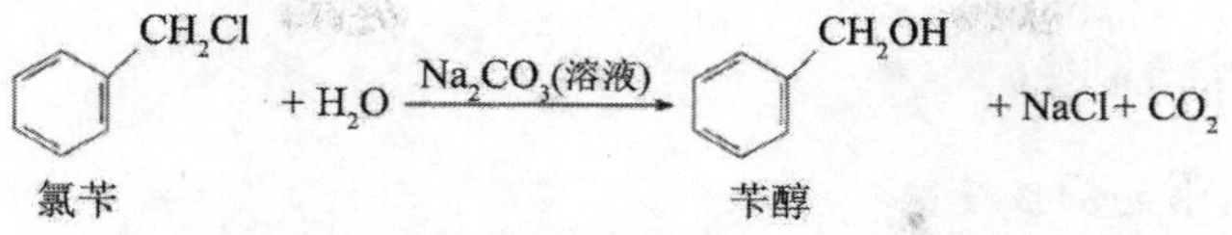

$$C_6H_5CH_2Cl + H_2O \xrightarrow{Na_2CO_3(溶液)} C_6H_5CH_2OH + NaCl + CO_2$$

氯苄　　　　苄醇

$$CH_2{=}CHCH_2Cl \xrightarrow{Na_2CO_3(溶液)} CH_2{=}CH{-}CH_2OH + NaCl + CO_2$$

烯丙基氯　　　　烯丙醇

为了使卤代烃更有效地转变为醇（或不太容易直接水解的卤代烃），可采用卤代烃和乙酸钠作用生成乙酸酯，然后再用酸或碱来水解乙酸酯，最后得到醇的方法。此方法的优点是可以避免副产物烯烃的生成。

$$RX \xrightarrow{CH_3COONa} ROCOCH_3 \xrightarrow{H_2O} ROH + CH_3COOH$$

乙酸酯

（酸性或碱性）

例如，由萜烯制取香叶醇或芳樟醇等萜烯醇，就是通过卤代烃水解反应来合成的。月桂烯和干燥的 HCl 反应后得到几种卤代烃，这些卤代烃可以水解成为相应的萜烯醇。

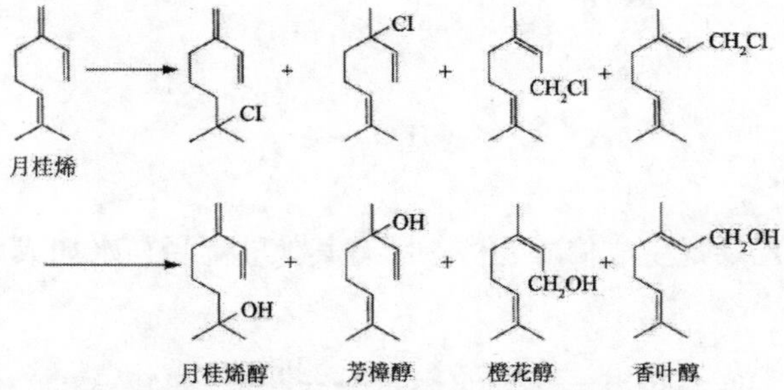

Cl　CH$_2$Cl　CH$_2$Cl　Cl

月桂烯

OH　CH$_2$OH　CH$_2$OH　OH

月桂烯醇　芳樟醇　橙花醇　香叶醇

也可以将卤代烃先制成酯，然后水解成相应的醇。

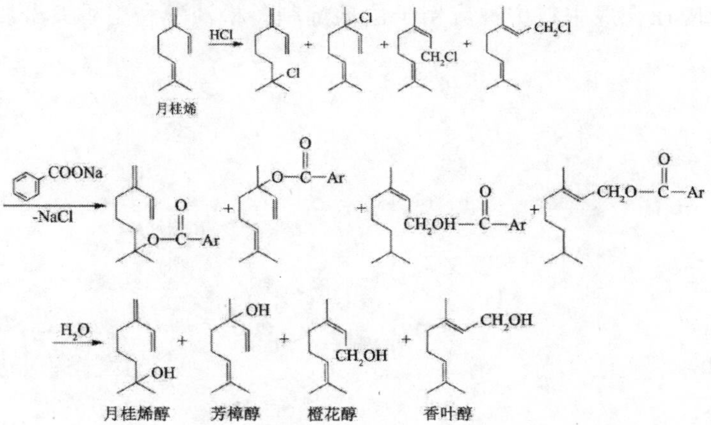

HCl　Cl　CH$_2$Cl　CH$_2$Cl　Cl

月桂烯

COONa　-NaCl　O—C(=O)—Ar　O—C(=O)—Ar　CH$_2$OH—C(=O)—Ar　CH$_2$O—C(=O)—Ar

H$_2$O　OH　CH$_2$OH　CH$_2$OH　OH

月桂烯醇　芳樟醇　橙花醇　香叶醇

（二）由烯烃制备醇

1、烯烃与水的加成反应

$$>C{=}C< + H_2O \longrightarrow \underset{H}{\overset{|}{-C}}-\underset{OH}{\overset{|}{C-}}$$

烯烃与水的加成反应是合成醇的常用方法，具有十分重要的工业意义。此反应必须有催化剂存在才能进行，过去通常采用硫酸为催化剂，其反应式为：

$$>C{=}C< + H_2SO_4 \longrightarrow \underset{H}{\overset{|}{-C}}-\underset{OSO_3H}{\overset{|}{C-}} \xrightarrow{H_2O} \underset{H}{\overset{|}{-C}}-\underset{OH}{\overset{|}{C-}}$$

由于用硫酸作催化剂，对设备的腐蚀性较强，故目前采用磷酸－硅藻土为催化剂，在设备上衬铜就可解决腐蚀问题。烯烃与水的加成一般按 Markovnikov 法则进行，即水分子中的氢加在含氢原子较多的碳原子上，而羟基则加在含氢原子较少的碳原子上。

$$RCH{=}CH_2 + H_2O \longrightarrow RCH(OH)CH_3$$

$$R_2C{=}CH_2 + H_2O \longrightarrow R_2C(OH)CH_3$$

因此，除了乙烯是生成伯醇之外，所有其他的烯烃与水加成后都生成仲醇或叔醇。

$$RCH_2CH_2OH \xrightarrow{-H_2O} RCH{=}CH_2 \xrightarrow[H_3PO_4/\text{硅藻土}]{H_2O} \underset{OH}{RCH}-CH_3$$

上述反应在合成香料中被应用于由蒎烯制备松油醇和由香茅醛制备羚基香茅醛。

α-蒎烯 + β-蒎烯 → 萜二醇 → α-松油醇

香茅醛 → 羟基香茅醛

2. 烯烃的羟汞化－脱汞反应

$$R-CH=CH_2 \xrightarrow{Hg(OAc)_2 \cdot H_2O} R-\underset{OH}{\underset{|}{CH}}-\underset{HgOAc}{\underset{|}{CH_2}} \xrightarrow{NaBH_4} R-\underset{OH}{\underset{|}{CH}}-CH_3$$

将烯烃用乙酸汞处理发生羟汞化反应，生成的汞化物用硼氢化钠还原生成醇。整个过程烯烃的加成反应是按 Markovnikov 规则加水生成醇的。生成的醇为仲醇。

3. 烯烃的硼氢化－氧化反应

$$3R-CH=CH_2 \xrightarrow{(BH_3)_2} (R-CH_2-CH_2)_3B \xrightarrow{H_2O_2} R-CH_2CH_2OH + H_3BO_3$$

烯烃的硼氢化－氧化反应是烯烃首先和硼烷反应，再经碱性过氧化氢氧化生成醇。整个过程烯烃是按反 Markovnikov 规则加水生成醇的，立体化学上为顺式加成，且无重排产物生成。用该法生成的醇是伯醇。

4. 烯烃的羰基化反应

羰基化合成法是工业上利用烯烃与一氧化碳、氢气合成醇的方法。烯烃与一氧化碳、氢气在羰基钴的催化下发生氢甲酰化反应，生成比原来的烯烃多 1 个碳原子的醛。因为一氧化碳可以加在双键的任意一个碳上，所以由此得到 2 个异构化的产物，进一步发生还原反应即生成 2 个醇。

$$R-CH=CH_2 + CO + H_2 \xrightarrow{\text{羰基钴}} R-CH_2-CH_2-CHO + R-\underset{CHO}{\underset{|}{CH}}-CH_3$$

$$\xrightarrow{\text{活性镍}} R-CH_2-CH_2-CH_2OH + R-\underset{CH_2OH}{\underset{|}{CH}}-CH_3$$

5. 烯烃与甲醛的缩合反应

烯烃与甲醛在甲酸或乙酸存在下进行缩合反应（即 Prins 反应），可以制得醇类化合物。在合成香料工业中利用 Prins 反应可以制取各种有价值的醇类香料。

$$R-CH=CH_2 + HCHO \xrightarrow[H_2O]{H^+} R-CH(OH)-CH_2-CH_2OH \text{ 或 } R-CH=CH-CH_2OH \text{ 或 } \text{4-R-1,3-二噁烷}$$

利用松节油中单离出来的β-蒎烯，在氯化锌等 Lewis 酸催化剂存在下与甲醛缩合可以制得诺卜醇。虽然诺卜醇本身没有特殊的香气，但它的乙酯却有新鲜的松木香气。

$$\beta\text{-蒎烯} + HCHO \xrightarrow{ZnCl_2} \text{诺卜醇}(-CH_2CH_2-OH) \xrightarrow{HOAc} \text{乙酸诺卜酯}(-CH_2CH_2-O-\overset{O}{\overset{\|}{C}}-CH_3)$$

β-蒎烯　　　　诺卜醇　　　　乙酸诺卜酯

6. 烯烃的氧化反应

（1）烯烃的顺式羟基化：将烯烃用碱性高锰酸钾氧化，经过环状中间体，水解生成顺式二元醇。

$$-\underset{H}{\overset{}{C}}=\underset{H}{C}- \xrightarrow[OH^-]{KMnO_4} \text{环状锰酸酯中间体} \xrightarrow{H_2O} -\underset{H}{\overset{OH}{C}}-\underset{H}{\overset{OH}{C}}- + MnO_2$$

（2）烯烃的反式羟基化：将烯烃用过氧酸氧化，首先进行顺式加成形成环氧化物，然后反式开环生成反式二醇。常用的过氧酸有：过氧苯甲酸、间氯过氧苯甲酸、过氧甲酸、过氧乙酸、过氧三氟乙酸等。

$$CH_3CH_2-CH=CHCH_3 \xrightarrow[\text{② } HCl,CH_3OH]{\text{① } CF_3COOOH} CH_3CH_2-\overset{OH}{\overset{|}{CH}}-\underset{OH}{\underset{|}{CH}}-CH$$

2-戊烯　　　　2, 3-戊二醇

（3）烯烃的臭氧化：将烯烃用臭氧氧化，首先形成臭氧化中间体，然后通过还原反应生成醇。常用的还原剂有氢化铝锂、硼氢化钠等。

$$CH_3(CH_2)_5-CH=CH_2 \xrightarrow[\text{② } LiAlH_4]{\text{① } O_3} CH_3(CH_2)_5-CH_2-OH$$

1-辛烯　　　　1-庚醇

（三）由醛、酮、羧酸及羧酸酯制备醇

1. 醛、酮、羧酸及羧酸酯的还原反应

含有羰基（$>C=O$）的化合物，如醛、酮、羧酸、酯可以被还原成醇。

（1）醛被还原成伯醇

$$R-\overset{O}{\overset{\|}{C}}-H \xrightarrow{\text{还原}} R-\underset{H}{\overset{OH}{\overset{|}{\underset{|}{C}}}}-H$$

醛　　伯醇

例如：

$$C_6H_5-CH=\underset{C_5H_{11}}{\underset{|}{C}}-CHO \xrightarrow{(CH_3-\overset{CH_3}{\overset{|}{C}H}-O)_3Al} C_6H_5-CH=\underset{C_5H_{11}}{\underset{|}{C}}-CH_2OH$$

α-戊基肉桂醛　　α-戊基肉桂醇

$$\text{香茅醛}\ (\cdots CHO) \xrightarrow[C_4H_9-OH]{(CH_3CH_2O)_3Al} \text{香茅醇}\ (\cdots CH_2-OH)$$

香茅醛　　香茅醇

（2）酮被还原成仲醇

$$R-\overset{O}{\overset{\|}{C}}-R' \xrightarrow{\text{还原}} R-\underset{H}{\overset{OH}{\overset{|}{\underset{|}{C}}}}-R'$$

酮　　仲醇

例如：

$$\text{樟脑（莰酮）} \xrightarrow{\text{钠+无水乙醇}} \text{龙脑（2-莰醇）}$$

樟脑（莰酮）　　龙脑（2-莰醇）

（3）羧酸被还原成伯醇

$$R-\overset{O}{\overset{\|}{C}}-OH \xrightarrow{\text{还原}} R-\underset{H}{\overset{OH}{\overset{|}{\underset{|}{C}}}}-H$$

羧酸　　伯醇

例如：

$$C_6H_5CH_2COOH \xrightarrow[\text{②水解}]{\text{①}LiAlH_4} C_6H_5CH_2CH_2OH$$

苯乙酸　　β-苯乙醇

（4）酯被还原成醇

$$R-\overset{O}{\overset{\|}{C}}-OR' \xrightarrow{\text{还原}} R-CH_2OH + R'-OH$$

酯　　伯醇　　伯醇

例如：

丙酸橙花酯 $\xrightarrow[\text{②水解}]{\text{①LiAlH}_4}$ 橙花醇 $+ C_2H_5—CH_2OH$

（丙酸橙花酯：$CH_2O—\overset{\overset{O}{\|}}{C}—C_2H_5$；橙花醇：$CH_2OH$）

2. 醛、酮、羧酸及羧酸酯与金属有机化合物反应

金属有机化合物（如格氏试剂RMgX、烷基锂等）与醛、酮、羧酸、羧酸酯、环氧化物等反应，经过水解可以制得各种醇类，尤其对需要增加碳链的醇类香料更为重要。

在合成香料工业中，原醇类香料如二甲基苄基原醇、二甲基苯基原醇、甲基苯乙基原醇、丙基苯基原醇、甲基乙基苯基原醇、二甲基苯乙基原醇等都是通过Grignard反应制得。

（1）RMgX与醛或酮反应

$$R_2C{=}O + R'MgX \longrightarrow R_2C(OH)R'$$

例如：

$$\text{6-甲基-2-庚酮} + CH_3MgBr \longrightarrow \text{2,6-二甲基-2-庚醇} + Mg(OH)Br$$

$$\underset{\text{丙酮}}{(CH_3)_2C{=}O} + \underset{\text{苄基氯化镁}}{C_6H_5CH_2MgCl} \xrightarrow[NH_4Cl]{H_2O} \underset{\text{二甲基苄基原醇}}{C_6H_5CH_2—C(CH_3)_2—OH} + Mg(OH)Cl$$

（2）RMgX与羧酸、羧酸酯反应

$$R—\overset{O}{\overset{\|}{C}}—OH \xrightarrow{R'MgX} [R—\overset{O}{\overset{\|}{C}}—R'] \xrightarrow{RMgX} R—\overset{OH}{\underset{R'}{C}}—R'$$

例如：

$$\underset{\text{戊酸}}{CH_3(CH_2)_3—\overset{O}{\overset{\|}{C}}—OH} \xrightarrow{C_2H_5MgBr} \underset{\text{乙基丁基酮}}{CH_3(CH_2)_3\overset{O}{\overset{\|}{C}}C_2H_5} \xrightarrow{C_2H_5MgBr} \xrightarrow[NH_4Cl]{H_2O} \underset{\text{二乙基丁基原醇}}{CH_3(CH_2)_3—\overset{OH}{\underset{C_2H_5}{C}}—C_2H_5}$$

此反应若要用于制备酮时则格氏试剂的量要控制，否则格氏试剂过量时则有叔醇生成。

（3）RMgX 与环氧化合物反应

$$H_2C\underset{O}{—}CH_2 + RMgX \longrightarrow RCH_2CH_2OH$$

例如：

$$\underset{\text{环氧乙烷}}{H_2C\underset{O}{—}CH_2} + C_4H_9MgBr \longrightarrow C_4H_9CH_2CH_2OMgBr \xrightarrow[NH_4Cl]{H_2O} \underset{\text{己醇}}{C_4H_9CH_2CH_2OH} + Mg\begin{matrix}OH \\ Br\end{matrix}$$

从上述反应情况可以看出，当格氏试剂与醛反应时可得到仲醇，与酮、羧酸及羧酸酯等反应时可得到叔醇，仅与甲醛或环氧化合物反应才得到伯醇。并且上述反应中所生成的醇的碳原子均比原先的羰基化合物的碳原子数有所增加。

（四）芳烃与环氧乙烷反应制备醇

$$\underset{\text{苯}}{C_6H_6} + \underset{\text{环氧乙烷}}{H_2C\underset{O}{—}CH_2} \xrightarrow{AlCl_3} \underset{\beta\text{-苯乙醇}}{C_6H_5—CH_2CH_2—OH}$$

在无水氯化铝或氯化锡催化下，芳烃与环氧乙烷发生弗 – 克反应，生成 β – 芳基取代的乙醇。这是合成苯乙醇的方法之一。

二、醛类香料的制备生产

将碳原子与氧原子用双键相连的基团称为羰基，羰基碳与氢和烃基相连的化合物称为醛。醛类化合物在日化香精、食用香精中占有很重要的地位。醛类香料约占香料化合物总数的 10%。低级醛具有强烈刺激味，中级醛具有果香味，所以含六个碳以上的醛多应用于香精调配。$C_6 \sim C_{12}$ 饱和脂肪族醛在稀释下具有令人愉快的香气，它们在香精配方中往往起头香剂的作用。某些不饱和脂肪族醛，如 2，6- 壬二烯醛具有紫罗兰叶青香，在香精配方中可以起修饰作用。芳香族醛在香料工业中起着重要的作用。例如，洋茉莉醛、仙客来醛、龙葵醛、肉桂醛、戊基桂醛、铃兰醛、香兰素等都是经常使用的香料。萜醛类香料，如柠檬醛、香茅醛、羟基香茅醛、甜橙醛等均是调配香精的佳品。醛香型香精在日化香精中是一种流行型香型。著名的“香奈尔五号”（Chanel No.5）香水就是醛香型香水的代表作。食用香精中的头香和新鲜感往往是醛类香料所起的重要作用。

（一）同碳二卤代物水解

在碱性溶液中，卤代烃分子中的卤素可被羟基置换而生成醇。若采用同碳二卤代物，则经水解后生成同碳二元醇。但由于同一个碳原子上两个羟基是不稳定的，能自动脱水，所以最终生成羟基化合物。如香料工业中苯甲醛是通过二氯化苄水解方法生产的，其化学方程式如下：

$$C_6H_5CHX_2 + 2HOH \xrightarrow[-2HX]{Na_2CO_3} C_6H_5CH(OH)_2 \longrightarrow C_6H_5CHO + H_2O$$

苯甲醛

（二）氧化及催化脱氢法

大多数有机化合物在不同条件下均可被氧化而得到不同的氧化产物，若选择适当的氧化剂及合适的反应条件，可使烃或醇氧化得到醛类化合物。

1. 氧化法

氧化反应中所选用的氧化剂必须根据被氧化物质的性质及欲制备何种类型的化合物而确定。

（1）以二氧化锰为氧化剂，可将烃类或醇选择性氧化成醛。

$$C_6H_5CH_3 + 2MnO_2 + 2H_2SO_4 \longrightarrow C_6H_5CHO + 2MnSO_4 + 3H_2O$$

$$C_6H_5CH_2OH + MnO_2 \longrightarrow C_6H_5CHO + MnO + H_2O$$

$$(CH_3)_2C{=}CHCH_2CH_2C(CH_3){=}CHCH_2OH + MnO_2 \longrightarrow (CH_3)_2C{=}CHCH_2CH_2C(CH_3){=}CHCHO + MnO + H_2O$$

（2）烯烃化合物和伯醇的氧化。重铬酸钾（或重铬酸钠）加硫酸[$K_2Cr_2O_7$+H_2SO_4 或 $Na_2Cr_2O_7$+H_2SO_4]是常用的氧化剂，烯烃或伯醇化合物可被氧化成醛，因生成的醛容易继续被氧化成酸，所以此法只能用以制取低级的挥发性较大的醛。在制备时可设法使生成的醛及时蒸出（避免继续与氧化剂接触）或加入第三种物质，使醛的产率得以提高。由仲醇氧化制备酮，产率相当高。

例如，异黄樟油素用 $K_2Cr_2O_7$–H_2SO_4 氧化时，反应体系中加入对—氨基苯磺酸的目的是为避免生成的洋茉莉醛继续被氧化。

$$\text{异黄樟油素（3,4-亚甲二氧基苯基-}CH{=}CHCH_3\text{）}\xrightarrow[NH_2-C_6H_4-SO_3H]{Na_2Cr_2O_7+H_2SO_4}\text{3,4-亚甲二氧基苯甲醛（}CHO\text{）}$$

异黄樟油素

（3）以臭氧为氧化剂，首先与烯烃形成过氧化物中间体，然后再水解还原，也是制备醛类化合物的方法之一。

$$RCH{=}CH_2 \xrightarrow{O_3} R{-}CH\text{（臭氧化物环：}-O-O-\text{，}-O-\text{）}CH_2 \xrightarrow[H_2O]{NaBH_4} RCHO+HCHO$$

（4）甲苯的氧化。与芳环直接相连的甲基上的氢原子受芳环的影响容易被氧化生成醛。以氧化铬和乙酸酐为氧化剂时，首先形成双乙酸酯，然后迅速水解生成醛。甲苯也可以通过催化氧化合成苯甲醛。

$$C_6H_5CH_3 \xrightarrow[CrO_3]{(CH_3CO)_2O} C_6H_5CH(OCCH_3)_2 \xrightarrow[H_2O]{HCl} C_6H_5CHO+2CH_3COOH$$

2. 伯醇催化氧化法

伯醇蒸气与空气或氧气混合后通过加热的铜、银等催化剂时，伯醇可以被氧化生成醛。这是工业上生产醛的主要方法之一，如甲醛、乙醛、乙二醛、丁醛等均采用此方法生产。

$$RCH_2OH+\text{空气}(O_2)\xrightarrow{Cu/Ag}RCHO+H_2O$$

（三）还原反应

1. 萨巴蒂埃（Sabatier）反应

萨巴蒂埃制备醛类化合物是采用甲酸在催化剂存在下与相应的羧酸作用而制得。催化剂有氧化钍或二氧化锰。由于前者属于稀有元素，因而在反应中常选用 MnO_2。而甲酸在加热下分解成 CO 及 H_2O，分解出的 CO 具有还原性，因而使羧酸还原成醛，CO 氧化成 CO_2。

$$R-\overset{O}{\overset{\|}{C}}-OH+HCOOH\xrightarrow[320\sim340^{\circ}C]{MnO_2\text{-沸石}}R-\overset{O}{\overset{\|}{C}}-H+CO_2+H_2O$$

在合成香料中常采用此反应制备壬醛、十一醛及十一烯醛等。

2. 罗生蒙德（Rosenmund）还原法

此反应是使脂肪族或芳香族的酰氯化合物在钯－硫酸钡催化下氢化生成相应醛，这种反应称为罗生蒙德还原反应。因醛能进一步还原成醇，所以常加入控制剂以降低催化剂的活性，使反应停留在醛的阶段。常用的控制剂有硫磺—喹琳或甲基硫代脲等，溶剂为甲苯或二甲苯。

$$R-\overset{O}{\overset{\|}{C}}-Cl \xrightarrow[\text{S+喹啉}]{H_2/Pd-BaSO_4} R-\overset{C}{\overset{\|}{C}}-H + HCl$$

$$\text{萘}-\overset{O}{\overset{\|}{C}}-Cl \xrightarrow[\text{甲基硫脲}]{H_2/Pd-BaSO_4} \text{萘}-CHO$$

罗生蒙德还原反应可制备一般的醛类化合物，如反应物上含有硝基、卤素、酯基等基团时，均可保留，不被还原。例如：

$$RO_2C-(CH_2)_n-\overset{O}{\overset{\|}{C}}-Cl \xrightarrow[\text{S+喹啉}]{H_2/Pd-BaSO_4} RO_2C-(CH_2)_n-\overset{O}{\overset{\|}{C}}-H$$

（四）芳香族环上引入醛基的方法

1. 直接法引入醛基

（1）瑞穆尔－悌曼（Reimer-Tiemann）反应

酚类在氢氧化钠或氢氧化钾溶液中与氯仿一起加热，生成邻位及对位羟基醛的反应称为瑞穆尔－悌曼反应。含有羟基的喹啉、吡咯等杂环化合物也能进行此类反应。

工业上水杨醛（邻－羟基苯甲醛）曾采用瑞穆尔－悌曼反应来制备，但其中尚有对－羟基苯甲醛副产物。两种产物可通过水蒸气冲蒸法分离，水杨醛随水蒸气一起蒸出，而对－羟基苯甲醛则呈固体，留在锅内。

$$C_6H_5OH + CHCl_3 \xrightarrow[70^{\circ}C]{NaOH} \underset{\text{水杨醛}}{o\text{-}HOC_6H_4CHO} + \underset{\text{对-羟基苯甲醛}}{p\text{-}HOC_6H_4CHO}$$

（2）盖特曼－柯启（Gatternmann-Koch）反应

此反应是制备芳香族醛类化合物的方法之一。主要使用一氧化碳、干燥氯化氢和相应的芳香族化合物。在无水三氯化铝和氯化亚铜的催化下，在高压下进行反应合成。例如，对－甲基苯甲醛即可通过此方法制得。

$$C_6H_5CH_3 + CO + HCl \xrightarrow{AlCl_3,\ CuCl} p\text{-}CH_3C_6H_4CHO$$

（3）盖特曼醛（Gattermann-Aldehyde）合成法

盖特曼醛合成法，主要是应用酚或芳香醚与干燥氰化氢气体及饱和氯化氢醚溶液，在无水氯化锌（或三氯化铝）的存在下生成芳香族醛类。如大茴香醛即是以苯甲醚为原料通过盖特曼醛反应而制得。

$$C_6H_5OCH_3 + HCN + HCl \xrightarrow{AlCl_3} p\text{-}CH_3OC_6H_4C{=}NH \cdot HCl \xrightarrow{H_2O} p\text{-}CH_3OC_6H_4CHO$$

（4）阿特姆斯－李维纳（Adams-levine）反应

上述盖特曼－柯启、盖特曼醛制备方法，所使用的原料有一定的毒性，如一氧化碳、氰化氢等，因而在生产上受到一定的限制。阿特姆斯－李维纳采用固体氰化锌［Zn（CN）$_2$］和盐酸，替代剧毒的氰化氢气体，从而使反应容易控制及安全方便。

其替代的情况为：

$$Zn(CN)_2 + 3HCl \longrightarrow 2HCN + HCl + ZnCl_2$$

生成的 HCN 及 HCl 原是反应中所需要的原料，而 $ZnCl_2$ 是反应中的催化剂，故反应仅控制盐酸的滴加速度即可，如下：

$$\text{(COOCH}_3\text{, CH}_3\text{, OH, OH 取代苯)} + Zn(CN)_2 + HCl \longrightarrow \text{(COOCH}_3\text{, CH}_3\text{, OH, OH, CHO 取代苯)}$$

（5）Vilsmeier 反应（也称 Vilsmeier-Haack 反应）

通常是指应用 N，N－二取代甲酰胺和 $POCl_3$ 使芳环（主要是酚类和芳胺类）甲酰化的反应。

$$ArH + Ph\text{—}N(CH_3)\text{—}CHO \xrightarrow{POCl_3} ArCHO + Ph\text{—}NH(CH_3)$$

例如：

$$C_6H_5OH + CH_3-N(CH_3)-CHO \xrightarrow{POCl_3} p\text{-}HO-C_6H_4-CHO + CH_3-NH-CH_3$$

$$\text{莰烯} \xrightarrow[\text{②水解}]{\text{①}POCl_3\text{-DMF}} \omega\text{-甲酰基莰烯}$$

ω- 甲酰基莰烯是一种具有花香、木香以及清凉香气的香料，香气柔和，可用于配制松针和薰衣草香型的香精。此外，以 ω- 甲酰基莰烯为基本原料可以合成一系列具有檀香香气的化合物。

2. 间接法引入醛基

（1）索姆莱特（Sommelet）反应

芳香环和杂环的醛可先通过相应的卤代甲基化合物（如氯甲基或溴甲基化合物）与乌洛托品（六次甲基四胺）作用，生成季铵盐，然后与热的醋酸水溶液共热，将季铵盐进行水解得到醛类化合物。反应总的过程可写成：

$$C_6H_5CH_2X + (CH_2)_6N_4 \xrightarrow{\triangle} [C_6H_5-CH_2-C_6H_{12}N_4]^+X^-$$

$$\xrightarrow[H_2O]{H^+} C_6H_5CHO + HCHO + CH_3NH_2 + NH_4X$$

$$X = -Cl, -Br$$

莳萝醛、兔耳草醛、铃兰醛均采用索姆莱特反应制备。

$$p\text{-}(CH_3)_2CH-C_6H_4-CH_2Cl + (CH_2)_6N_4 \longrightarrow [p\text{-}(CH_3)_2CH-C_6H_4-H_2C-C_6H_{12}N_4]^+Cl^- \xrightarrow[H_2O]{H^+} p\text{-}(CH_3)_2CH-C_6H_4-CHO + HCHO + CH_3NH_2 + NH_4Cl$$

莳萝醛

（2）达真斯（Darzens）反应

利用该法可以制得支链醛类。醛或酮与氯乙酸酯在醇钠或氨基钠存在下于苯等溶剂中，5℃以下发生缩合反应。缩合完毕后，用水稀释，所得到的 α, β- 环氧酯（缩水甘油酯）用无水硫酸钠干燥。将该酯用氢氧化钾（钠）醇溶液水解，再用盐酸酸化。得到的酸在减压下加热脱羧，可以得到相应的醛，收率为 50%。

$$R-C(R')=O + Cl-CH_2-C(=O)-OC_2H_5 \xrightarrow{C_2H_5ONa} R-C(R')\overset{O}{—}CH-C(=O)-OC_2H_5$$

$$\xrightarrow[\text{水解}]{NaOH} R-C(R')\overset{O}{—}CH-C(=O)-OH \xrightarrow[\triangle]{-CO_2} R-CH(R')-CHO$$

（五）羟醛缩合反应（或醇醛缩合反应）

两分子的醛在稀碱溶液作用下可发生醇醛缩合反应生成羟醛化合物。如丙醛在稀 Ba（OH）$_2$ 作用下的反应：

$$CH_3CH_2CHO + CH_3CH_2CHO \xrightarrow{OH^-} CH_3CH_2\underset{\displaystyle OH}{\underset{|}{CH}}-\overset{\displaystyle CH_3}{\overset{|}{CH}}-CHO \xrightarrow[\triangle]{-H_2O} CH_3CH_2CH=\underset{\displaystyle CH_3}{\underset{|}{C}}-CHO$$

得到的β- 羟基醛、α- 碳原子的活泼氢原子和β- 碳原子上的羟基，可发生脱水反应生成α，β不饱和醛。若欲制备羟基醛，可在一定的真空度下经减压蒸馏获得。

若选择一种无α-H 的醛和一种带α-H 的醛进行“交错”缩合，则具有合成价值。克莱森 - 史密特（Claisen-Schmidt）反应即是一种芳香醛与脂肪醛或酮在碱性溶液中反应生成一种α，β- 不饱和醛或酮的反应。在香料中如桂醛、α- 戊基桂醛、α- 己基桂醛的合成就是利用这个反应。

（六）格氏（Grignard）试剂与原甲酸三乙酯反应

此反应也是制备醛的方法之一。格氏试剂与原甲酸三乙酯反应，生成缩醛，然后在酸性水溶液中进行加热水解得到醛，其特点是在反应过程中可制备比原料增加一个碳原子的化合物。如用卤代戊烷可制备己醛：

$$C_4H_9CH_2Br + Mg \longrightarrow C_4H_9CH_2MgBr \xrightarrow{HC(OC_2H_5)_3} C_4H_9CH_2CH(OC_2H_5)_2 + C_2H_5OMgBr$$

$$C_4H_9CH_2CH(OC_2H_5)_2 \xrightarrow[H_2O]{H_2SO_4} C_4H_9CH_2CHO + 2C_2H_5OH$$

第三节　酮类香料的制备生产

碳原子与氧原子用双键相连的基团称为羟基，羰基碳与两个烃基相连的化合物称为酮。酮类化合物在香料工业中占有重要地位，酮类香料约占香料总数的15%。低碳脂肪族酮类公 $C_3 \sim C_6$ 香气较弱，品质也欠佳，很少作为香料直接使用，但可以作为合成香料的原料。而 $C_7 \sim C_{12}$ 不对称脂肪族酮类由于具有比较强烈的令人愉快的香气，可以直接作为香料使用，如甲基壬基酮、甲基庚烯酮等。在芳香族酮类中，苯乙酮、对甲基苯乙酮和覆盆子酮都是常用的香料。萜类酮和脂环酮在香料工业中占有重要的地位，它们当中很多都是天然精油的主要香成分，含量虽少，但对香气起着重要的作用。例如，紫罗兰酮、茉莉酮、香芹酮、樟脑、薄荷酮、大马酮、鸢尾酮和甲基柏木酮等都是名贵香料。

此外，还有大环酮类化合物，如环十五酮、麝香酮、灵猫酮等，都是动物性天然香料的主香成分，在高级香水和化妆品香精中起着赋香和定香剂的作用。

一、同碳二卤代物水解

酮类化合物也可通过同碳二卤代物在碱性溶液中水解制得，如香料工业中二苯酮的生产方法：

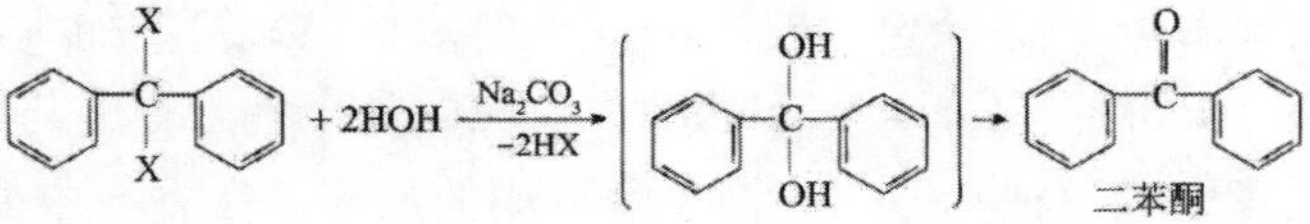

$$(C_6H_5)_2CX_2 + 2HOH \xrightarrow[-2HX]{Na_2CO_3} [(C_6H_5)_2C(OH)_2] \longrightarrow (C_6H_5)_2C{=}O$$

二苯酮

二、氧化反应

（一）烃、醇等的氧化反应

采用臭氧、过氧化物、$Na_2Cr_2O_7$等氧化剂，可以将烃、醇等氧化而生成酮类化合物。仲醇在重铬酸钾和硫酸作为氧化剂时被氧化生成的酮，产率可达90%以上。反应中因为酮不容易继续氧化，所以不需要立即分离。

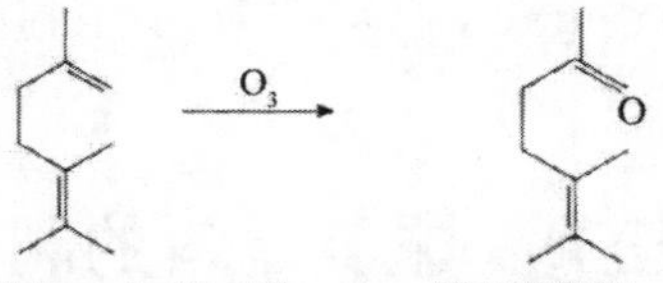

$$\xrightarrow{O_3}$$

2,6-二甲基-1, 5-庚二烯　　甲基庚烯酮

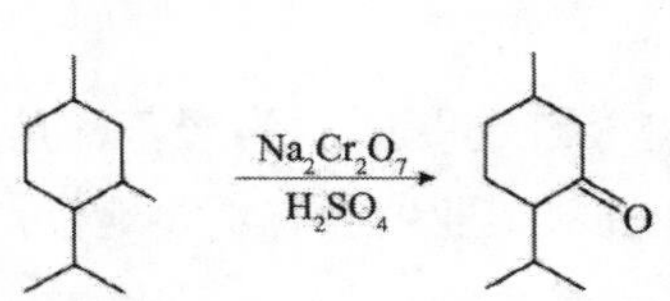

$$\xrightarrow[H_2SO_4]{Na_2Cr_2O_7}$$

薄荷醇　　薄荷酮

$$CH_3(CH_2)_5-CH(OH)-CH_3 \xrightarrow[100^\circ C,\ H_2O]{K_2Cr_2O_7 + H_2SO_4} CH_3(CH_2)_5-C(=O)-CH_3$$

$$\text{α-柏木烯} + H_2O_2 + HCOOC_2H_5 \rightarrow \text{柏木烷酮} + C_2H_5OH + CO_2 + H_2O$$

α-柏木烯　　柏木烷酮

$$\text{异长叶烯} + H_2O_2 + HCOOC_2H_5 \rightarrow \text{异长叶烷酮} + C_2H_5OH + CO_2 + H_2O$$

异长叶烯　　异长叶烷酮

以铜或银为催化剂，仲醇可以被氧化制备纯度很高的酮，这也是工业上生产酮的主要方法之一。

$$CH_3-\underset{}{\overset{OH}{\overset{|}{C}H}}-CH_3 \xrightarrow[300^\circ C]{O_2,\ Cu} CH_3-\overset{O}{\overset{\|}{C}}-CH_3$$

（二）欧朋脑尔氧化反应（Oppenauer Oxidation）

欧朋脑尔氧化反应是梅尔外因－潘道夫还原反应（Meerwein-Ponndorf-Verley Reduction）的逆反应。此反应主要是使仲醇氧化为酮，在苯或甲苯溶剂中将需要被氧化的仲醇与叔丁醇铝或异丙醇铝及丙酮一起加热回流。为了使反应更加完全，必须用过量很多的丙酮。反应中除了用丙酮外，还可使用环己酮或丁酮替代。

欧朋脑尔氧化反应（Oppenauer Oxidation）在温和的条件下进行，且产率较好。

$$\begin{matrix}R\\ \diagdown \\ CHOH\\ \diagup \\ R'\end{matrix} + \begin{matrix}CH_3\\ \diagdown \\ C{=}O\\ \diagup \\ CH_3\end{matrix} \xrightleftharpoons{[(CH_3)_2CO]_3Al} \begin{matrix}R\\ \diagdown \\ C{=}O\\ \diagup \\ R'\end{matrix} + \begin{matrix}CH_3\\ \diagdown \\ CHOH\\ \diagup \\ CH_3\end{matrix}$$

$$CH_3CH_2CH_2CH{=}CH-\underset{OH}{\underset{|}{C}HCH_3} + CH_3COCH_3 \xrightleftharpoons{[(CH_3)_2CO]_3Al} CH_3CH_2CH_2CH{=}CH-\underset{O}{\underset{\|}{C}}-CH_3 + CH_3\underset{OH}{\underset{|}{C}HCH_3}$$

$$\underset{R}{\underset{|}{C}H}{=}CH-CH_2-\underset{R'}{\underset{|}{C}HOH} + CH_3COCH_3 \xrightleftharpoons{[(CH_3)_2CO]_3Al} \underset{R}{\underset{|}{C}H}{=}CH-CH_2-\underset{R'}{\underset{|}{C}}{=}O + CH_3\underset{OH}{\underset{|}{C}HCH_3}$$

三、傅雷德尔 - 克拉夫兹（Friedel-Crafts）酰基化反应

此反应是在芳香环上直接引入酮羰基的方法，是制备芳香酮的主要方法之一。芳香族化合物在 Lewis 酸如无水三氯化铝等催化剂的存在下与酸酐或酰卤作用。然后水解而制得酮类化合物其反应过程为：

$$ArH + RCOCl \xrightarrow{\text{催化剂}} ArCOR + HCl$$

此法应用范围很广，所用试剂并不局限于酰卤（酰卤的活性顺序：I>Br>Cl>F），羧酸、酸酐、烯酮等均可应用。但若使用酯，则烷氧化产物占优势。R 可以是芳烃基或脂烃基，且在反应过程中不发生重排，引进 RCO 基后，钝化了芳环，而使反应终止。反应中所使用的催化剂有下列各种：$AlCl_3$、$AlBr_3$、$FeCl_3$、H_3PO_4、P_2O_5、$SnCl_2$、$ZnCl_2$、$SnCl_4$。最常用的催化剂是三氯化铝，其作用是增加羰基碳原子的正电性，以便较弱的亲核试剂进攻芳环。至于如何选择催化剂，需根据芳香族化合物上所含的取代基而定。如制备 β- 萘乙酮时，选用无水 $AlCl_3$ 时产物的得率较高。

$$2\ \text{萘} + 2CH_3COCl \xrightarrow{AlCl_3} \beta\text{-萘乙酮（多）} + \alpha\text{-萘乙酮（少）} + 2HCl$$

茴香醚合成山楂花酮时，其催化剂除选用无水 $AlCl_3$ 外，也可采用无水 $ZnCl_2$。用 $ZnCl_2$ 作催化剂时反应过程中没有 HCl 气体放出，同时操作便利。

$$\text{苯甲醚} + (CH_3CO)_2O \xrightarrow{ZnCl_2} \text{对甲氧基苯乙酮（多）} + \text{邻甲氧基苯乙酮（少）} + CH_3COOH$$

以柏木油脱脑后的柏木烯（其中 α- 柏木烯为 40% ～ 50%，β- 柏木烯为 5%～15%，罗汉柏烯为 40%～50%）为原料制备乙酰基柏木烯（又称甲基柏木酮），其催化剂一般选用多聚磷酸，使用乙酸酐对该混合萜烯进行乙酰化反应。

$$\alpha\text{-柏木烯} + \beta\text{-柏木烯} \xrightarrow[PPA]{(CH_3CO)_2O} \text{甲基柏木酮（Ⅰ）}$$

$$\text{罗汉柏烯} \xrightarrow[PPA]{CH_3COOH} \cdots \xrightarrow[PPA]{(CH_3CO)_2O} \text{甲基柏木酮（Ⅱ）}$$

四、付瑞斯（Fries）重排反应

酚的酯类在无水三氯化铝存在下，酰基发生重排反应，生成邻位或对位的酚酮类化合物。若用硝基苯或二硫化碳为溶剂，重排反应可在较低的温度下进行。

至于反应后生成的是邻位产物还是对位产物，一般在低温条件下反应时得到的主要是对位异构体，在高温条件下得到的主要是邻位产物。如：

OH, CH_3, $COCH_3$ ← $AlCl_3$ 25℃ — $OCOCH_3$, CH_3 — $AlCl_3$ 165℃ → O, OH, CH_3, CH_3

得率为80%　　得率为95%

五、应用 Kondakoff 反应制备 β，γ- 不饱和酮类新香料

Kondakoff 反应是不饱和烃类化合物和酸酐或酰氯在氯化锌催化下得到 β，γ-不饱和酮的反应。该反应在合成香料工业中，尤其是在合成萜类香料中得到了广泛应用。例如，1- 对孟烯与丙酸酐进行 Kondakoff 反应可以得到橙花酮，橙花酮在异丙醇铝的催化下，经 Meerwein-Ponndorf-Verley 还原，可以生成具有木香、青香香气的醇。

1-对孟烯 + $(CH_3CH_2CO)_2O$ $\xrightarrow{ZnCl_2}$ 橙花酮（$COCH_2CH_3$）+ CH_3CH_2COOH

六、羧酸催化还原 - 萨巴蒂埃（Sabatier）反应

当羧酸的蒸气通过加热的催化剂（钍、锰等金属氧化物沉积在沸石上）时，两分子羧酸失去一分子二氧化碳和一分子水而生成羰基化合物，此法适用于制备脂肪族醛、酮和芳香族醛类。

$$2R-C(=O)OH \xrightarrow[320\sim340℃]{MnO_2-沸石} R-C(=O)-R + CO_2 + H_2O$$

反应中如果用两种不同的羧酸，则产物是混合物，因为每种羧酸都有脱去二氧化碳和水的可能。

反应中如果使用的一种羧酸是甲酸，则产物可得到醛。

七、克莱森－史密特（Claisen-Schmidt）反应

芳香醛与脂肪醛或酮在碱性溶液中反应生成一种 α，β- 不饱和醛或酮。

$$C_6H_5-CH=O + CH_3-C(R)=O \xrightarrow{OH^-} C_6H_5-CH(OH)-CH_2-C(R)=O \xrightarrow{-H_2O} C_6H_5-CH=CH-C(R)=O$$

八、炔烃的水合反应

在汞盐和硫酸存在下，炔烃和水反应生成不稳定的烯烃中间体，然后经过重排反应得到相应的酮。除了乙炔的水合反应生成乙醛外，其他炔烃的水合反应都生成酮，产率可以达到 80% 以上。

$$R-C\equiv C-R + H_2O \xrightarrow[H_2SO_4]{Hg^{2+}} \left[R-C(OH)=CH-R \right] \xrightarrow{重排} R-C(=O)-CH_2-R$$

九、克莱森（Claisen）缩合

在 Na、$NaNH_2$、$NaOC_2H_5$ 等催化剂存在下，通过酯类化合物与羰基化合物的缩合反应，可以合成酮。

$$CH_3COOC_2H_5 + CH_3COCH_3 \xrightarrow{碱} CH_3COCH_2COCH_3 + C_2H_5OH$$

十、醇酮缩合反应

在苯、醚等介质中，脂肪酸酯类化合物在金属钠的作用下经缩合反应生成具有醇酮结构的化合物，主要用于合成大环酮类化合物。

$$(CH_2)_{13}(COOCH_3)_2 \xrightarrow[二甲苯]{钠} (CH_2)_{10}\text{-环}(C=O)(CHOH) \xrightarrow{脱水} (CH_2)_{10}\text{-环烯酮}$$

十五碳二酸甲酯　　α-羟基环十五酮

十一、迈克尔（Michael）反应

在醇钠催化下，α，β- 不饱和羰基化合物的双键很容易与丙二酸二乙酯、乙酰乙酸酯等化合物的活泼亚甲基发生缩合反应。

$$CH_2=CHCOOC_2H_5 + CH_3COCH_2COOC_2H_5 \xrightarrow{C_2H_5ONa} \begin{array}{l} CH_3COCH_2COOC_2H_5 \\ \quad | \\ \quad CH_2COCH_2COOC_2H_5 \end{array}$$

十二、大马酮的制备生产

大马酮（旧称突厥酮）类香料是含13个碳原子的芳香化合物。60年代中，由著名香料化学家Ohloff从保加利亚玫瑰花精油中发现；70年代初，Demole等人又首次从保加利亚玫瑰花精油中分离出其β异构体类单体。

一般来说，香料（如名贵的β- 大马酮类香料）必须和其它数种或数十种天然香料和单体香料调配成香精以后，才能作为化妆品、食品、香水、烟草和饮料等的赋香剂，这些名贵香料用量虽然很少，但它能使香气更加清馨宜人。

大马酮类香料尽管问世较晚，但因其香味独特，为一名贵香料，颇受人们重视，许多国家都一直致力于其合成方法和工艺的研究，至今国外已有数篇专利和文献报道，得出多条不同工艺路线，在瑞士的费尔曼尼希公司已投入批量生产，其价格为1000美元左右/kg；国内从事该项目研究的较少，生产尚属空白，应用所需全部依赖进口。

大马酮类香料均为无色至淡黄色透明液体，相对密度为0.92～0.96，折光率为1.4～1.6，常压下沸点很高，在真空状况下（0.01～13.3Pa），沸点为40～60℃，具体数值随各异构体的结构不同而异。大马酮类香料可溶于乙醇和有机溶剂中，不溶于水，都具有强烈的类似玫瑰的芳香。

大马酮类香料包括大马酮和大马烯酮两种化合物。其中大马酮的分子式为$C_{13}H_{18}O$，有α、β、γ三种异构体；大马烯酮（二氢大马酮）的分子式为$C_{13}H_{20}O$，有α、β、γ、δ四种异构体。

在7种不同结构的化合物中，β- 异构体（即β- 大马酮和β- 大马烯酮）是玫瑰花精油中最重要成分，香精中加入少量就能很好地提升玫瑰香气，因此β-异构体研究得最多。

从人类成功地合成了紫罗兰酮（Ionone）起，合成香料的历史得以奠定基础并延续至今。回顾以前的合成方法，大抵有两条思路，一是以生源合成为前提、经过生源合成的前身以达到目标产物，另一条是与此不同的从有机化学的角度探索合理的合成方法。由于大马酮在结构上属于紫罗兰酮的异构体。因此，可以假定大马酮是紫罗兰酮的衍生物。

70年代以来，β-大马酮类香料的合成研究取得较好的成效，得出数种不同合成方法。现将其中最具工业化前途的方法分述如下：

（1）β-柠檬醛法。从我国丰富的山苍子油中提取的β-柠檬醛用苯胺进行醛基保护以后，在浓硫酸作用下发生闭环反应，制得β-环柠檬醛；然后经格氏反应、水解、氧化、加溴、脱溴化氢等系列反应制得所需产品。

（2）1，3-戊二烯法。1，3-戊二烯与溴代异丙叉丙酮在Lewis酸催化剂$A1C1_3$作用下，发生“D—A”反应，制得溴酮经脱溴化氢，与乙醛缩合即得产物。该方法由于溴代异丙叉丙酮原料难得，可采用价廉来源丰富的异丙叉丙酮替代，加成产物经加溴、脱溴化氢，可获得相同的结果：据文献报道以及笔者合成研究对比，“D—A”反应温度控制在35～40℃时反应更有利。

（3）β-紫罗兰酮法。β-紫罗兰酮在K_2CO_3存在下与盐酸羟胺进行肟化，制得β-紫罗兰酮肟，然后经氧化得到异噁唑化合物，再用酸氧化制成环氧化物，最后用酸处理，即得β-大马酮。该方法最大优点在于β-紫罗兰酮目前在我国已大量工业化生产，因此它不仅解决了β-大马酮生产原料难得的关键问题，而且为β-紫罗兰酮的应用开辟了新方向。

（4）2，6，6-三甲基环己烯酮法。2，6，6-三甲基环己烯酮经催化氢化得对应三甲基环己酮，然后在氨基钠作用下与乙炔反应生成中间体（Ⅱ）；中间体（Ⅱ）在甲酸作用下回流制得中间体（Ⅲ），中间体（Ⅲ）在格氏试剂作用下和乙醛进行缩合反应，然后经脱水即得产物β-二氢大马酮。该方法国外研究较多，有系列文献报道，所用辅助试剂易得、原理简明，但原料2，6，6-三甲基环己烯酮目前国内没有试剂出售，而且该路线处理步骤较多，反应总收率较低。

（5）提取法。从玫瑰花直接提取，每3～4t玫瑰花中可提取1kg大马酮类香料，所得产品为各种同分异构体的混合物，产品成色随玫瑰花产地不同而异。

第四节　酚类及醚类香料的制备生产

一、酚类香料的制备生产

在自然界中存在许多酚类香料，如丁香酚、香芹酚、麝香草酚、香荆芥酚及浓馥香兰素等。酚类香料大都具有辛香、木香及药草香等香气，并具有一定的消毒杀菌的作用。如丁香酚和异丁香酚具有丁香香气，在调香上普遍使用；麝香草酚和香荆芥酚带有草药香且具有较好的消炎杀菌功效，广泛用于牙膏等口腔清洁剂、爽身粉及胶姆糖、咳嗽糖的加香；愈创木酚带有烟熏香气及药香，可作为食用和烟用香料。有些酚还是合成其他香料的重要原料，如苯酚是合成香豆素的起始原料，愈创木酚是合成香兰素的中间体。

酚类化合物在自然界中存在广泛，早期大多数酚都是从自然界直接提取的，随着用量的增多和化学工业的发展。现在很多酚类化合物都是合成的。酚类可看成是芳环上的氢原子被羟基取代后得到的化合物，与醇类化合物不同的是，酚上的羟基是直接和芳环相连的。由于很难直接将羟基引到苯环上，多数酚的合成都是通过官能团的转化得到的。

（一）芳香磺酸盐碱熔法

将磺酸盐和氢氧化钠熔融后得到酚钠盐，再用酸酸化即可得到酚。这是一个亲核取代反应，并需要在高温、强碱性下进行，很多的官能团很难适应，因此该反应的应用范围较窄。苯酚和萘酚可以用此法合成。

$$C_6H_5SO_3Na \xrightarrow[300℃]{NaOH} C_6H_5ONa \xrightarrow{H^+} C_6H_5OH$$

$$C_{10}H_7SO_3Na \xrightarrow[300℃]{NaOH} C_{10}H_7ONa \xrightarrow{H^+} C_{10}H_7OH$$

（二）芳香卤代烃的水解

在高温、高压和催化剂存在的条件下，芳香卤代烃可以在碱性条件下水解。例如，氯苯在高温、高压和铜催化下生产苯酚。

$$C_6H_5Cl + NaOH \xrightarrow[28MPa]{Cu,300^{\circ}C} C_6H_5ONa \xrightarrow{H^+} C_6H_5OH$$

（三）异丙苯法

该合成方法是将异丙基芳烃通过催化氧化得到过氧化物，后者在酸性条件下重排成酚和丙酮。利用该法得到酚的产率较高，且能得到另一个有价值的工业原料丙酮，因此在工业上，该法应用得较多。例如，苯酚和萘酚的合成。

$$C_6H_5CH(CH_3)_2 \xrightarrow[pH\ 9\sim10]{O_2,100^{\circ}C} C_6H_5C(CH_3)_2-O-OH \xrightarrow{H_2SO_4} C_6H_5OH + CH_3COCH_3$$

$$C_{10}H_7CH(CH_3)_2 \xrightarrow[pH\ 9\sim10]{O_2,100^{\circ}C} C_{10}H_7C(CH_3)_2-O-OH \xrightarrow{H_2SO_4} C_{10}H_7OH + CH_3COCH_3$$

（四）重氮盐水解法

将生成的重氮盐立即置于冰水中进行水解，便可以生成酚。为了防止生成的酚与尚未反应完的重氮离子之间的偶联，也可以将重氮盐慢慢地加入到大量沸腾的稀硫酸中进行水解。

$$C_6H_5N_2X + H_2O \longrightarrow C_6H_5OH + N_2 + HX$$

$$p\text{-}CH_3C_6H_4N_2Br + H_2O \xrightarrow[\triangle]{H_2SO_4} p\text{-}CH_3C_6H_4OH + N_2 + HBr$$

（五）芳香铊化物的置换水解法

苯烃与三氟乙酸铊反应生产三氟乙酸芳基铊，然后与四乙酸铅反应生成三氟乙酸芳酯，最后经水解和酸化后可以生成酚。

$$R-C_6H_5 \xrightarrow{(CF_3COO)_3Tl} R-C_6H_4-Tl(OOCCF_3)_3 \xrightarrow{Pb(OAC)_4} R-C_6H_4-O-\overset{O}{\overset{\|}{C}}-CF_3$$

$$\xrightarrow{H_2O,OH^-} R-C_6H_4-O^- \xrightarrow{H^+} R-C_6H_4-OH$$

（六）格氏试剂 - 硼酸酯法

由卤代苯直接水解制备酚比较困难，但若把它先制成格氏试剂，再进行相应的反应，即可比较容易地得到酚。反应一般是在低温条件下进行，首先将卤代苯制成格氏试剂，再与硼酸三甲酯反应，生成芳基硼酸二甲酯，酯经水解，得到芳基硼酸，然后在乙酸溶液中经 15% 过氧化氢氧化，最后水解即可生成酚。

$$C_6H_5MgBr \xrightarrow[-80^\circ C]{(CH_3O)_3B} C_6H_5B(OCH_3)_2 \xrightarrow[H_2O]{H^+} C_6H_5B(OH)_2$$

$$\xrightarrow[CH_3COOH]{15\%\ H2O2} C_6H_5-O-B(OH)_2 \xrightarrow[H_2O]{H^+} C_6H_5OH + B(OCH)_3$$

二、醚类香料的制备生产

醚是水分子中的两个氢原子均被烃基取代的化合物，或者是醇分子中羟基上的氢原子被烃基取代的化合物。醚类香料约占香料总数的 5%，大都具有香气。醚类化合物比较稳定，不会使加香产品变色，而且大都具有香气，且香气柔和、愉快，这些特性使得它们在香精中有着广泛的应用，尤其是在化妆品、皂用、洗涤剂等香精中。例如，二苯醚、茴香醚、香叶基乙基醚、松油基甲基醚、甲基柏木醚、丁香酚甲醚、β- 萘异丁醚、环氧罗勒烯、玫瑰醚、降龙涎香醚等均是常用的香料化合物。

香叶基乙基醚　松油基甲基醚（OCH_3）　甲基柏木醚（OCH_3）　丁香酚甲醚（CH_3O，OCH_3）

β-萘异丁醚　环氧罗勒烯　玫瑰醚　降龙涎香醚

（一）威廉姆森合成法

威廉姆森合成法（Williamson，A.V.）是用醇钠和卤代烷在无水条件下进行的反应，是醇钠取代卤代烷中的卤素原子而生成醚的亲核取代反应。在该反应中，卤代烷烃可以用磺酸酯和硫酸酯代替。利用该反应既可以制得对称醚，也可以制得不对称醚。反应的通式为：

$$RONa + R'X \longrightarrow ROR' + NaX$$

上述反应是一个双分子亲核取代反应，通常情况下，在选用反应试剂时都会利用空间位阻相对较大的醇钠和空间位阻相对较小的卤代烷烃，这样才能尽可能多地得到醚；反之，如果选用多取代的卤代烃进行反应，就容易发生E2消去反应而得到烯烃。因此，在选择该方法合成醚类化合物时，最好能选用一级卤代烷烃。例如，合成乙基香茅基醚时，选用氯乙烷：

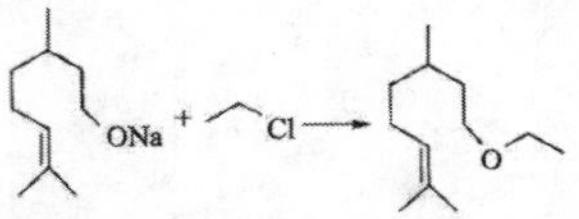

ONa + Cl →

香茅醇钠　　氯乙烷　　乙基香茅基醚

另外。在利用该方法合成芳香醚时，必须选用卤代烷烃和酚钠盐进行反应，而不能选用卤代芳香烃和醇钠进行反应。例如，乙基苯基醚的合成：

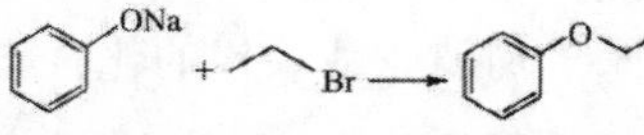

ONa + Br → O

苯酚钠　　溴乙烷　　乙基苯基醚

在该方法中，可以用硫酸酯代替卤代烷烃进行反应，例如甲基柏木醚的合成：

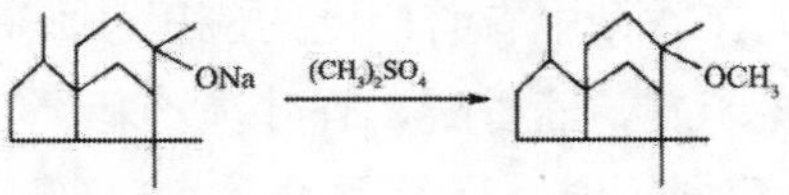

ONa $\xrightarrow{(CH_3)_2SO_4}$ OCH_3

柏木醇钠　　甲基柏木醚

环氧化合物也可以利用威廉森合成法来制备，即在一个分子内相邻的两个碳原子上存在卤素原子和烷氧负离子，且这两个基团在空间位置上处于反式，即可发生双分子亲核取代反应而得到环氧化合物。例如，环氧环己烷的制备：

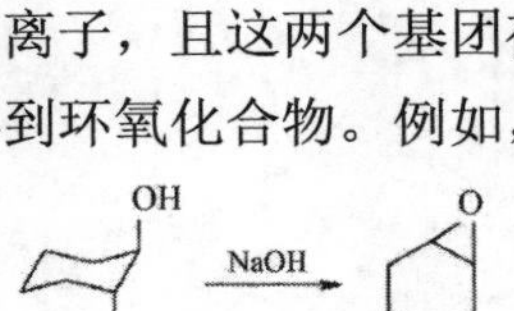

OH　Cl $\xrightarrow{NaOH}$ O

反式邻氯环己醇　　环氧环己烷

冠醚也可以通过威廉森合成法来制备。例如，18-冠-6的制备：

$$\text{三缩三乙二醇} + \text{1,2-二(2-氯乙氧基)乙烷} \xrightarrow{KOH} \text{18-冠-6}$$

三缩三乙二醇　1,2-二(2-氯乙氧基)乙烷　18-冠-6

（二）利用醇分子间脱水来制备醚

在酸的催化作用下，醇分子间脱水可以得到醚，这是制备对称醚的主要方法，其反应的通式如下：

$$2ROH \longrightarrow ROR + H_2O$$

在上述反应中，参与催化作用的酸可以是无机酸，如硫酸、磷酸等；也可以是有机酸，如对甲苯磺酸等；还可以是路易斯酸，如三氧化铝、三氟化硼等。例如工业上制备乙醚就是用三氯化铝作为催化剂在300℃下使乙醇脱水而得到：

$$2CH_3CH_2OH \xrightarrow[300℃]{AlCl_3} CH_3CH_2OCH_2CH_3$$

通常情况下，一级醇的分子间脱水是按照 SN_2 反应机制来进行的。首先，一分子醇的羟基在酸的作用下质子化成盐。之后再与另一分子的醇继续反应形成二烷基𬭩盐，最后再失去质子得到醚。反应的大致历程如下：

$$RCH_2OH \xrightleftharpoons{H^+} RCH_2\overset{+}{O}H_2 \xrightleftharpoons[-H_2O]{RCH_2OH} (RCH_2)_2\overset{+}{O}H \xrightleftharpoons{-H^+} (RCH_2)_2O$$

二级醇的分子间脱水反应机制和一级醇不同，二级醇的分子间脱水是按照单分子亲核取代反应机制来进行的。首先，一分子醇的羟基在酸的作用下质子化成盐，之后直接失水，形成相对稳定的碳正离子，然后再与一分子的醇迅速结合成盐，最后失去质子得到醚大致的反应历程如下：

$$R_1R_2CHOH \xrightleftharpoons{H^+} R_1R_2CH\overset{+}{O}H_2 \xrightleftharpoons{-H_2O} R_1R_2\overset{+}{C}H \xrightleftharpoons{R_1R_2CHOH} R_1R_2CH\overset{+}{O}(H)CHR_1R_2 \xrightleftharpoons{-H^+} R_1R_2CHOCHR_1R_2$$

从上述反应历程可以发现，中间形成的碳正离子也可能会发生单分子消去反应而产生烯烃，因此二级醇在发生分子间的脱水时常常会伴随着烯烃的产生。

三级醇的分子间脱水很难发生，这是由于中间产生的碳正离子大部分都发生消去反应而产生几烯烃。但是三级醇可以和一级醇发生分子间脱水而产生混合醚，例如，叔丁基甲基醚的制备可以通过叔丁醇和甲醇之间的脱水而产生。

$$H_3C-C(CH_3)_2-OH \xrightleftharpoons[-H_2O]{H^+} H_3C-\overset{+}{C}(CH_3)_2 \xrightleftharpoons{+CH_3OH} H_3C-C(CH_3)_2-\overset{+}{O}H-CH_3 \xrightleftharpoons{-H^+} H_3C-C(CH_3)_2-O-CH_3$$

两种不同的一级醇、不同的二级醇或一级醇与二级醇的混合物在酸的作用下反应，生成的也是醚的混合物。

（三）烯烃的烷氧汞化（脱汞法）

烯烃的烷氧汞化反应相当于醇和烯烃加成制备醚的方法。该反应的大致反应历程是：在汞盐（三氟乙酸汞）的催化作用下，醇和烯烃发生加成反应得到有机汞盐中间体，该加成反应遵循马氏加成规则，汞盐再还原脱汞得到醚。用这种方法制备醚类化合物时，不会得到消除反应的产物，有时比威廉森合成法更加实用。反应的通式如下：

$$>C=C< + ROH + Hg(-O-\overset{O}{\overset{\|}{C}}-CF_3)_2 \longrightarrow -\underset{OR}{\underset{|}{C}}-\underset{Hg-O-\overset{O}{\overset{\|}{C}}-CF_3}{\underset{|}{C}}- \xrightarrow{NaBH_4} -\underset{OR}{\underset{|}{C}}-\underset{H}{\underset{|}{C}}-$$

例如：

$$\text{环己烯} \xrightarrow[(CH_3)_3COH]{Hg(CF_3CO_2)_2} \text{2-}(OC(CH_3)_3)\text{环己基}-HgOCOCF_3 \xrightarrow[NaOH]{NaBH_4} C_6H_{11}-O-C(CH_3)_3$$

环己基叔丁醚

$$CH_3-C(CH_3)_2-CH=CH_2 \xrightarrow[CH_3CH_2OH]{Hg(CF_3CO_2)_2} CH_3-C(CH_3)_2-CH(OCH_2CH_3)-CH_2HgOOOCF_3 \xrightarrow[NaOH]{NaBH_4} CH_3-C(CH_3)_2-CH(OCH_2CH_3)-CH_3$$

3-乙氧基-2, 2-二甲基丁烷

（四）乙烯基烷基醚类化合物的合成

乙烯基烷基醚类化合物由于结构比较特殊，采用通常的方法很难合成。通常情况下，不存在乙烯醇这种化合物，难以用醇分子间脱水的方法来制备；另外，也难以用威廉森合成法来制备。因为乙烯基卤代物很难与醇钠发生亲核加成反应，所以一般这种醚类的制备必须通过特殊的合成方法。这一类化合物采用炔烃和醇在一定的压力和温度下发生亲核加成反应而得到。反应的通式为：

$$R-C\equiv CH + R'CH_2OH \longrightarrow R-HC=CH-OCH_2R'$$

例如，甲基乙烯基醚的合成就是采用乙炔和甲醇进行反应而得到：

$$HC\equiv CH + CH_3OH \xrightarrow[\substack{160\sim165℃ \\ 2\sim2.5MPa}]{KOH} H_2C=CH-OCH_3$$

（五）环氧化合物的制备

环氧化合物的制备可以利用威廉森合成法得到，但常用的合成方法是烯烃在过氧化物的作用下直接氧化就可以得到环氧化合物。通常用到的过氧化试剂有双氧水、过氧乙酸、过氧间氯苯甲酸等。例如，环氧石竹烯的合成：

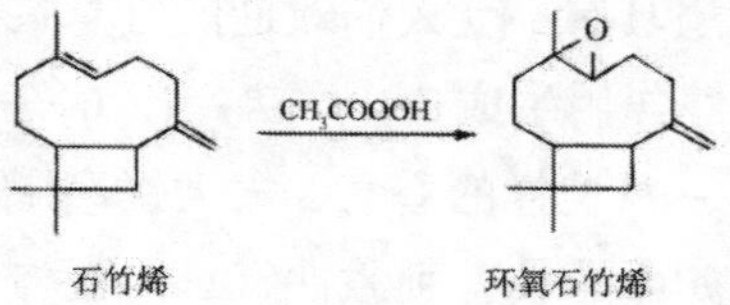

CH_3COOOH

石竹烯　环氧石竹烯

（六）利用相转移催化剂制取醚类香料

相转移催化剂在合成中具有重要的作用，醇或酸的 O- 烃基化，用相转移催化反应可获得较高收率的醚。它比通常的必须使用醇淦的 WilliamsOn 醚合成反应更为方便，在氢氧化钠存在下即可反应。

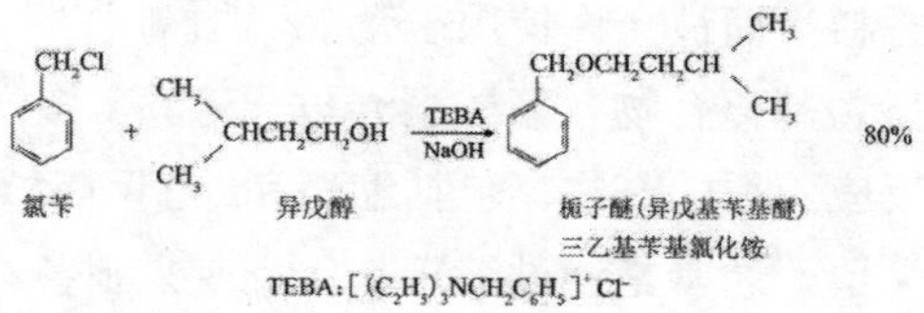

$$C_6H_5CH_2Cl + (CH_3)_2CHCH_2CH_2OH \xrightarrow[NaOH]{TEBA} C_6H_5CH_2OCH_2CH_2CH(CH_3)_2 \quad 80\%$$

氯苄　异戊醇　栀子醚（异戊基苄基醚）

三乙基苄基氯化铵

TEBA：$[(C_2H_5)_3NCH_2C_6H_5]^+Cl^-$

第五节　缩羰类及羧酸类化合物的制备生产

一、缩羰基类香料化合物的制备生产

醛类和酮类香料在日化和食品香精中起着极为重要的作用。但大多数醛和酮等羰基化合物的化学性质比较活泼，特别是醛类化合物含有活泼的氢和双键。在空气、光、热等影响下极易被氧化使色泽变深，在碱性介质中容易产生缩合、加成等反应，所以在加香产品中不稳定。同时与羰基化合物的 α- 碳原子相连的氢较活泼，在碱性介质中，也极易引起羟醛缩合反应。与羰基合物相比，缩羰基化合物的化学性质比较稳定，在空气和碱性介质中稳定而不变色，同时缩羰基类香料保持和改善了原来的醛类和酮类香料所具有的香气。因此缩羰基化合物在香料工业中起着较大的作用。

缩羰基类香料是近三十年来发展较快的新型香料化合物，它们化学性质稳定、香气温和圆润，大多数具有花香、木香、薄荷香、杏仁香。可以增加香精的天然感，深受调香师欢迎。大多数缩醛类化合物的香气比原醛类化合物圆润，如带有尖刺气息的香茅醛不受调香人员喜爱，而将其制成二甲缩香茅醛时其香气就变得柔和，可在配制玫瑰型香精时使用。而某些缩羰基化合物的香气与原羰基类原料的香气不同，如正戊醛具有不受人们欢迎的气息，难于在香精中使用。当正戊醛与2- 甲基2，4戊二醇作用生成2- 丁 -4，4，6- 三甲基 -1，3- 二氧噁烷，其香气具有薰衣草 - 薄荷 - 月桂样的香气，大大提高了其在调香中的使用价值，深受调香人员的喜爱；又如丙醛具有刺激性气息，当与2- 乙基 -4- 甲基 -1，3- 戊二醇作用生成2，5- 二乙基 -4- 异丙基 -1，3- 二氧噁烷后，则具有强烈的青香和花香香气，因此缩羰基类化合物目前已发展出许多品种，并且可以制成混合缩醛供调香使用。

在自然界中，缩羰基类化合物存在于多种水果的挥发性香味物质中，各种乙缩羰基类化合物在其中占有相当大的比例，因而使得某些合成的缩羰基类化合物可以作为“天然等同香料”而被允许使用于食品添加剂中。

缩羰基化合物是指羰基化合物（醛或酮）与一元醇、多元醇或原甲酸酯等在酸性条件下进行缩合反应而得的产物，包括缩醛和缩酮两大类。缩羰基类化合物的制备方法一般比较简单，通常是通过缩羰基化反应来制备。缩羰基化反应是典型的可逆反应，即在质子酸催化下，羰基化合物与一元醇或多元醇进行缩合反应，得到缩醛或缩酮。合成此类化合物的关键是尽量降低反应体系中水的浓度。使该平衡反应向着生成缩羰基化合物的方向移动可采用将醇大大过量而不除去水的直接缩合法，但在工业生产中多采用形成共沸物连续脱水法（分去水分或用干燥剂脱水）或用原甲酸酯缩合法或亚硫酸二烷基酯与羰基化合物反应，其中原甲酸酯缩合法被认为是制备缩酮的标准方法。缩合反应的通式如下：

$$(R^1)(R^2)C{=}O + 2R_3CH_2OH \rightleftharpoons (R_1)(R_2)C(OCH_2R_3)_2 + H_2O$$

缩碳基类化合物的制备方法可分为以下几种。

（一）直接缩合法

这是制备缩醛或缩酮的常用方法，即在质子催化剂存在下，由醛或酮与醇直接反应制取缩醛或缩酮。直接缩合法所用的非均相共沸剂可以是环己烷、苯、二甲苯、甲苯、1，2- 二氯乙烷等溶剂。用它们来带走反应中生成的水，直到分水器内不再有更多的水分分出时，表示反应已经完成。

制备缩醛类化合物所用的催化剂，可选用 Lewis 酸，如氯化锌、氯化铵、氯化铁、硝酸铵等。制备缩酮类化合物一般需要用较强的酸，如盐酸、硫酸、磷酸、对甲基苯磺酸等。在工业化生产中，一般低碳醇类化合物与醛缩合时，常用干燥氯化氢气体为催化剂。

$$RCHO + 2CH_3OH \xrightleftharpoons{HCl} RCH(OCH_3)_2 + H_2O$$

$$CH_3—(CH_2)_6—CHO + 2CH_3OH \xrightarrow{H^+} CH_3—(CH_2)_6—CH(OCH_3)_2 + H_2O$$

$$C_6H_5—CH_2CHO + 2CH_3OH \xrightarrow{H^+} C_6H_5—CH_2CH(OCH_3)_2 + H_2O$$

除使用干燥氯化氢气体为催化剂外，还可选用其他催化剂，如草酸、柠檬酸、反 - 丁烯二酸和阳离子交换树脂或阳离子交换膜。如果合成的缩羰基化合物作为食用香精的组分，则应选用柠檬酸为催化剂。

脱水剂可采用无水硫酸铜、氧化铝、分子筛等。

（二）原甲酸酯缩合法

在无机酸或对甲基苯磺酸催化下，醛或酮与原甲酸三酯反应，加热回流制得缩醛或缩酮类化合物。

$$R^1R^2C=O + HC(OCH_3)_3 \xrightleftharpoons{H^+} R^1R^2C(OCH_3)_2 + HCOOCH_3$$

$$R^1R^2C=O + HC(OC_2H_5)_3 \xrightleftharpoons{H^+} R^1R^2C(OC_2H_5)_2 + HCOOC_2H_5$$

当用直接缩合法制备缩羰基类化合物得率较低或不能用醇直接与醛、酮缩合时，均可采用原甲酸酯缩合法。此法的优点是催化剂（采用对甲基苯磺酸时）用量少，反应条件比较温和，副反应少。

在原甲酸酯缩合法中，加入醇可以加快反应的速度。缩合反应中生成的水直接和反应混合物中的原甲酸酯反应生成醇和甲酸酯，使平衡反应朝着生成产物的方向移动。

常用的原甲酸酯有原甲酸三乙酯、原甲酸三甲酯、原乙酸三乙酯，可根据沸点和反应温度来选择。由于硫酸会使原甲酸酯分解，所以常用对甲基苯磺酸作为质子酸。

催化剂的加入方式对缩羰基类化合物的得率影响很大。合理的加料方式是将醛或酮与催化剂对甲基苯磺酸一起加入原甲酸酯中进行反应，得率最高。例如，柠檬醛二乙缩醛的制备。

$$\text{CHO} + HC(OC_2H_5)_3 \xrightarrow[\text{无水 } C_2H_5OH]{CH_3-C_6H_4-SO_3H} \text{CH(OC}_2\text{H}_5)(\text{OC}_2\text{H}_5) + HCOOC_2H_5$$

（三）原硅酸酯缩合法

在少量无机酸催化下，醛或酮与原硅酸四酯反应，加热回流制得缩醛或缩酮化合物。

$$R^1R^2C=O \xrightarrow[H^+]{Si(OC_2H_5)_4} R^1R^2C(OC_2H_5)_2$$

（四）交换法

与酯的合成相似，合成缩羰基化合物，尤其是在制取缩酮时，经常使用交换法，往往可以制得高产率的缩酮。

$$\underset{(I)}{R^1R^2C(OR^3)_2} + \underset{(II)}{R^4OH} \overset{H^+}{\rightleftharpoons} \underset{(III)}{R^1R^2C(OR^3)(OR^4)} + \underset{(IV)}{R^3OH}$$

在催化剂存在下（Ⅰ）和（Ⅱ）之间发生烷氧基交换，通常使用过量的醇（Ⅱ）使平衡反应朝着生成新的缩羰基化合物（Ⅲ）的方向移动，有利于反应完全。

（五）环缩羰基类化合物的制备

环缩羰基类化合物多数是用羰基化合物与多元醇（主要是二元醇）直接缩合制得。所用的催化剂有柠檬酸、草酸等，也可用活性炭负载金属钯、铂、铑、铱等为催化剂。将羰基化合物与二元醇共热，同时蒸出反应过程中生成的水，即可得到环缩羰基化合物。

$$C_6H_{10}=O + \begin{matrix}HO-CH_2\\ HO-CH_2\end{matrix} \xrightarrow{H^+} C_6H_{10}\begin{matrix}O-CH_2\\ O-CH_2\end{matrix} + H_2O$$

环己酮乙二醇缩酮

（六）混缩羰基类化合物的制备

羰基化合物与两种不同的一元醇在酸性催化剂存在下通过缩合反应可以制得混合缩羰基化合物。

$$CH_3CHO + C_2H_5OH + C_6H_5CH_2OH \xrightarrow{H^+} CH_3-CH(OC_2H_5)(OCH_2C_6H_5) + H_2O$$

乙醛乙醇苯甲醇缩醛

（叶青素，1-乙氧基-1-苯甲氧基乙烷）

二、羧酸类香料化合物的制备生产

羧酸是含有羧基（—COOH）的含氧有机化合物。它可以看作是烃分子中的氢被羧基取代而成的化合物。羧酸，尤其是脂肪族羧酸，广泛分布于天然产物中，它们是植物的花、叶和果实里的酯类和脂肪的组成成分。少数的芳香族羧酸，如苯甲酸、水杨酸、没食子酸和桂酸等，是以游离态和结合态的形式存在于天然的植物中。目前工业上使用的羧酸大部分是人工合成的。

饱和一元酸中，甲酸、乙酸、丙酸具有强烈的酸味和刺激性。含有 4 ～ 9 个碳原子的羧酸具有腐败恶臭，呈油状液体，动物的汗液和奶油变质的气味就是因为存在游离正丁酸的缘故。含 10 个以上碳原子的羧酸为石蜡状固体，挥发性很低，没有气味。

大多数羧酸一般没有令人愉快的香气，但少数几种羧酸在日化香精和食品香精中却是不可缺少的，如乙酸、丁酸、异戊酸、十四酸、草莓酸、桂酸、苯乙酸、山梨酸等都是重要的香味成分，有些甚至可以作为调味剂直接应用于食品行业。羧酸是酯类的母体，香料中所用的各种酯类大部分是从羧酸酯化而得，羧酸的酯类化合物大都具有令人愉快、甜美的果香、酒香、花香，在调香配方中是不可缺少且占有很大比例的，所以羧酸的合成在合成香料工业中也占有重要地位。此外，在合成香料工业，羧酸也广泛用作基本原料，是合成酯类香料的重要中间体。

（一）氧化反应制备羧酸

制备羧酸使用的氧化剂一般有高锰酸钾、重铬酸钾或重铬酸钠、氧气、硝酸等。

1. 伯醇和醛的氧化

醇和醛均可直接氧化生成羧酸，这是制备羧酸的主要方法之一。伯醇氧化时，首先生成醛，醛再进一步氧化成羧酸。醛氧化时最常用的氧化剂是高锰酸钾的酸性或碱性水溶液。用悬浮在碱液中的氧化银作氧化剂可使反应温和且能选择性地进行。

$$CH_3(CH_2)_2-CH_2-OH \xrightarrow{KMnO_4+H_2SO_4} CH_3(CH_2)_2-CHO \xrightarrow{KMnO_4+H_2SO_4} CH_3(CH_2)_2-\overset{O}{\overset{\|}{C}}-OH$$

$$CH_3CH_2CH_2-CHO \xrightarrow[30\sim50^\circ C]{O_2,\ Mn(Ac)_2} CH_3CH_2CH_2-COOH$$

$$\text{(CH}_2\text{OH)} \xrightarrow[0^\circ C]{MnO_2,\ C_6H_{14}} \text{(CHO)} \xrightarrow[25^\circ C]{MnO_2,\ CH_3OH} \text{(COOH)}$$

此外，也可采用催化氧化脱氢法由醛制羧酸，催化氧化脱氢法是利用氧气为氧化剂将醛类氧化成相应的羧酸，因氧气的来源十分丰富且价廉，同时很少有三废污染，故此法在工业上被广泛采用。一般在较高温度和催化剂（铜盐、钴盐、锰盐、钒盐等）存在下，于常压或加压下进行连续气相反应。如由丁醛制备丁酸、由异戊醛制备异戊酸、由 2- 甲基戊烯 -2- 醛制备 2- 甲基戊烯 -2- 酸均可采用催化氧化脱氢工艺。

2. 不饱和烃的氧化

烯烃用臭氧氧化得到中间体醛，再用双氧水氧化生成羧酸。

$$CH_3-\overset{CH_3}{\overset{|}{CH}}-(CH_2)_3CH=CH_2 \xrightarrow{O_3} \xrightarrow[H_2SO_4]{H_2O_2} CH_3-\overset{CH_3}{\overset{|}{CH}}-(CH_2)_3-\overset{O}{\overset{\|}{C}}-OH$$

3. 烃的氧化

石蜡（$C_{20}\sim C_{30}$）在高锰酸钾（用量为混合物重量的 0.1% ～ 0.3%）的催化下，在 120 ～ 150℃ 通入空气氧化，发生了碳链的断裂，产生一系列的混合物。

烷基苯可氧化成苯甲酸，条件是与芳核连接的碳至少有一个 C—H 键，即有一个 α-H。芳环上有羟基、氨基等取代基时，易被氧化，所以此法不适用。氧化剂常用高锰酸钾、重铬酸钾、硝酸。

$$RCH_2-CH_2R' \xrightarrow[120\sim150^\circ C]{\text{空气},\ KMnO_4} RCOOH+R'COOH$$

$$C_6H_5CH_2R \xrightarrow[275^\circ C]{KMnO_4,\ H_2O} C_6H_5COOH$$

$$C_{10}H_6(CH_3)_2 \xrightarrow[250^\circ C]{K_2Cr_2O_7,\ H_2O} C_{10}H_6(COOH)_2$$

4. 酮的氧化

酮氧化成羧酸要使 C—C 键断裂，较伯醇或醛的氧化困难，制备方法如下。

（1）环酮的裂解氧化

某些环酮能被浓硫酸、浓硝酸、三氧化铬 - 乙酸酐等氧化剂氧化开环生成二

元酸。如在 V_2O_5 催化下，环己酮被浓硝酸氧化生成己二酸

$$\text{环己酮} \xrightarrow{HNO_3,\ V_2O_5} HO-\overset{O}{\overset{\|}{C}}-CH_2CH_2CH_2CH_2-\overset{O}{\overset{\|}{C}}-OH$$

（2）甲基酮（或甲基仲醇的氧化）

甲基酮（或甲基仲醇）在碱液中卤化生成三卤甲酮，后者在碱液中很快分解成卤仿和羧酸盐，这一方法（卤仿反应）适合不饱和酸，未观察到卤素与烯键的竞争反应。

$$(CH_3)_2C=CH-\overset{O}{\overset{\|}{C}}-CH_3 \xrightarrow{Cl_2,\ KOH,\ H_2O} \xrightarrow{H^+} (CH_3)_2C=CH-COOH + CHCl_3$$

$$R-\overset{O}{\overset{\|}{C}}-CH_3 \xrightarrow{X_2,\ NaOH,\ H_2O} \xrightarrow{H^+} R-\overset{O}{\overset{\|}{C}}-OH$$

若使用的卤素是碘，则称为碘仿反应。

（二）水解反应制备羧酸

羧酸衍生物，如酰卤、酯、酰胺、酸酐、腈等均能水解成羧酸。其水解的难易程度如下。

$$R-\overset{O}{\overset{\|}{C}}-Cl > R-\overset{O}{\overset{\|}{C}}-O-COR' > R-\overset{O}{\overset{\|}{C}}-OR' > R-\overset{O}{\overset{\|}{C}}-NHR' > R-CN$$

只有酰氯和酸酐能自动地水解生成羧酸，但它们大多是由羧酸制成的，故在合成上无意义。酯和酰胺与水反应得很慢，需用酸或碱催化。所以只研究酯类或腈类的水解。

1．酯的水解

羧酸酯在酸性或碱性介质中进行水解反应，生成相应的羧酸：

$$RCOOR' + H_2O \xrightarrow{H^+或OH^-} RCOOH + R'OH$$

酯的水解常采用碱性［KOH、NaOH、Ba（OH）$_2$或Ca（OH）$_2$］水溶液中进行，称为皂化反应。其优点可使酯的水解更完全，并且能与不皂化物分离。羧酸盐溶于水，而不皂化物却不溶于水，因而成为两相，通过分层而达到纯化目的。如用油脂（脂肪酸甘油酯）制备脂肪酸时一般采用皂化工艺。

2. 腈的水解

腈在酸或碱催化下可水解生成相对应的羧酸，实际是腈从先水解成酰胺，酰

胺再水解成相应的酸。在大多数情况下。是将腈直接水解生成羧酸，而不分离出酰胺。但当处理很难水解的腈时，分离酰胺则是必要的。腈的水解是制备脂肪酸、芳香酸和杂环酸的最重要方法之一，其反应为：

$$RCN + H_2O \xrightarrow{H^+或OH^-} RC(=O)NH_2 + H_2O \xrightarrow{H^+或OH^-} RC(=O)OH$$

（三）羧化法制备梭酸

1. 插入 CO_2（羧基化）

Grignard 试剂或有机锂化物可以与 CO_2 加合，水解后即生成增加一个碳原子的羧酸，即 Grignard 反应制备羧酸。

$$RMgX + O=C=O \longrightarrow R-C(=O)OMgX \xrightarrow{H_2O} R-C(=O)OH + Mg(X)OH$$

在制备过程中可以将干燥的 CO_2 气体通入格氏试剂反应液中，或将格氏试剂倒在干冰（固体 CO_2）表面即可完成这一加成反应。要注意在制备过程中必须保持低温，以免使生成的羧酸盐继续与格氏试剂作用而生成叔醇；同时在操作中也必须保持干燥，否则也会影响产物的得率或生成叔醇类副产物。

有机锂化物与 CO_2 作用即酸化生成增加一个碳原子的羧酸。

$$RLi + CO_2 \longrightarrow RCOOLi \xrightarrow{H_2O} RCOOH$$

2. 插入 CO（羰基化）

Reppe 应是在过渡金属催化剂作用下加入 CO 生成酸的过程。例如，烯烃或炔烃在 Ni（CO）$_4$ 催化剂的存在下吸收 CO 和 H_2O 生成羧酸。除烯烃与炔烃外，醇也可以进行这类反应，如用甲醇羰基化法制备乙酸是目前合成乙酸的主要方法。

$$RCH=CH_2 + CO + H_2O \xrightarrow{Ni(CO)_4} RCH(CH_3)COOH$$

$$CH\equiv CH + CO + H_2O \xrightarrow[\triangle]{Ni(CO)_4} CH_2=CHCOOH$$

（四）酰化反应制备羧酸

芳烃和二元酸酐发生酰基化反应，是合成芳酮酸的主要方法。

$$\text{C}_6\text{H}_6 + \text{(CH}_2\text{CO)}_2\text{O} \xrightarrow[\triangle]{AlCl_3} \text{C}_6\text{H}_5\text{-}\overset{O}{\overset{\|}{C}}\text{-CH}_2\text{CH}_2\text{COOH}$$

（五）热解法制备羧酸

热解法制备羧酸只适用于某些特殊的例子。例如，蓖麻油或蓖麻酸甲酯热解，可以制得庚醛和十一烯酸。但实际操作中最好不要直接将蓖麻油热解，通常是将蓖麻油制成蓖麻酸甲酚或乙酯后再处理。具体操作是，将过量的甲醇或乙醇与蓖麻油在硫酸存在下加热回流，可发生酯交换反应使甘油酯转化为甲酯或乙酯。

蓖麻酸甲酯的热解是在4.8kPa、55℃时将蓖麻酸甲酯通过不锈钢管或铜管进行的。热解产物主要是庚醛和十一烯酸甲酯。混合物中的庚醛可以采用水蒸气冲蒸分离，再减压分馏将庚醛提纯或将亚硫酸氢钠溶液加入裂解油中。使$NaHSO_3$与庚醛形成溶于水的加成物而与十一烯酸甲酯分离。残留液中含有十一烯酸甲酯，经皂化反应后得到十一烯酸，再用减压分馏加以精制。十一烯酸本身不适宜用作香料。但以它为原料可以合成很多种香料，如十一烯醛、壬醇、壬醛、环十五内酯等。

（六）缩合反应制备羧酸

1. 柏金（Perkin）反应

利用缩合反应制备羧酸的方法中，最有实用价值的是柏金（Perkin）反应，即芳香醛与酸酐在有机酸的钾盐（或钠盐）等碱性催化剂存在下进行缩合反应，170～180℃加热数小时，生成α,β-不饱和酸。所用的催化剂一般是与酸酐对应的羧酸钠盐或钾盐，以钾盐为最好。柏金（Perkin）反应中羰基化合物碳基上的α-碳原子上不应含有活泼氢。这一反应在香料合成工业重有一定的价值，是合成肉桂酸的主要方法。

$$\text{C}_6\text{H}_5\text{-CHO} + (CH_3CO_2)O \xrightarrow[H^+]{CH_3COOK} \text{C}_6\text{H}_5\text{-CH=CH-COOH} + CH_3COOH$$

2. 克脑文盖尔（Knoevnagel）反应

含羰基的化合物，特别是芳香族醛或脂肪族醛类在氨或伯胺、仲胺存在下，能与含活泼亚甲基的化合物（如丙二酸或丙二酸酯）缩合，生成α,β-不饱和酸，称为克脑文盖尔（Knoevnagel）反应。此反应与柏金（Perkin）反应相似．但在Knoevnagel反应中，羰基化合物的α-碳原子上含有氢原子不受影响，只是反应过程中的原料不同而已，如α,β-壬烯酸的合成。

$$CH_3(CH_2)_5CHO+CH_2(COOH)_2 \xrightarrow{(C_2H_5)_2NH} CH_3(CH_2)_5\underset{}{\overset{OH}{\overset{|}{C}}}HCH(COOH)_2 \xrightarrow{\triangle} CH_3(CH_2)_5CH{=}CHCOOH$$

α, β-壬烯酸

3. 斯脱伯（Stobbe）反应

醛或酮在碱性催化剂存在下与丁二酸酯缩合，经脱水、水解和脱羧，可以制备β,γ-不饱和羧酸，称为斯脱伯（Stobbe）反应。香料中的β，γ-壬烯酸就是采用这一方法合成的。此反应可使原有的羰基化合物增加三个碳原子。

$$\underset{\text{己醛}}{CH_3(CH)_4CHO}+\underset{\text{丁二酸二乙酯}}{\left\{\begin{matrix}COOC_2H_5\\COOC_2H_5\end{matrix}\right.} \xrightarrow[2,H^+]{1,NaOEt} CH_3(CH_2)_4CH{=}\overset{CH_2COOH}{\overset{|}{C}}-COOH \xrightarrow{\triangle} \underset{\beta,\gamma\text{-壬烯酸}}{CH_3(CH_2)_4CH{=}CHCH_2COOH}$$

第六节　羧酸酯及内酯类香料的制备生产

一、羧酸酯类香料的制备生产

羧酸酯类化合物广泛存在于自然界中，所有的精油都含有酯类。酯类在很大程度上使许多花类具有花香和果香，如各种瓜果、花、草等的香成分中都含有酯类。而且大部分酯类化合物具有令人愉快的香味，大都具有花香、果香、酒香或蜜香香气，深受调香工作者的喜爱和重视。酯类香料在香料工业中占有特别重要的地位，羧酸酯类香料的品种约占香料总数的20%。在日化香精、食用香精及烟酒香精中，羧酸酯类香料一都是不可缺少的，而且其用途广泛、品种多、用量大。尤其在软饮料、糖果以及酒用香精中，羧酸酯类香料能赋予它们各种独特的香味，且使其香气得到加强、和润与丰满。

羧酸酯是羧酸和醇反应脱去一分子水而生成的化合物，这种生成酚的反应称为酯化反应。同时，当醇和酰基化试剂（酰氯、酸酐）作用时，也可生成酯。羧酸酯类化合物的制备方法必须根据酯类化合物的结构性质而定，现将其制备方法介绍如下。

（一）直接酯化法

在酯类香料的生产中，最常用的方法就是直接酯化法，即酯化反应。直接酯化法就是将羧酸和醇在少量的无机酸或有机酸催化下加热回流，生成酯和水，达到反应的平衡。

$$R-\overset{O}{\overset{\|}{C}}-OH + R'OH \underset{}{\overset{H^+}{\rightleftharpoons}} R-\overset{O}{\overset{\|}{C}}-OR' + H_2O$$

上述酯化反应是可逆反应，为了能使酯化反应进行得更彻底，即酸和醇作用得更完全，可以从两方面进行考虑，一是增加反应物（酸或醇）的浓度，二是将生成物水除去（即在反应过程中将水蒸出或与其他物质结合等方法），以达到破坏平衡的目的，使反应朝着有利于酯化的方向移动，从而提高酯的得率。至于选用哪一种方法有利，需要根据具体反应而定，目前均采用共沸脱水分馏法从反应体系中除去水。除利用酯、醇与水共沸除去水外，还可以在反应体系中加入苯或甲苯形成三元（苯－水－醇）共沸物除去水，达到促进反应完全的目的。

酯化反应过程中，通常采用的催化剂有硫酸、盐酸或将氯化氢通入反应物内，也可用苯磺酸、对甲苯磺酸、三氟化硼、阳离子交换树脂或阴离子交换树脂等作为催化剂。因为价格便宜且催化效果较好，在工业上一般采用硫酸。但硫酸能使仲醇或叔醇失水而生成烯烃，当仲醇或叔醇进行酯化反应时用氯化氢效果较好。

酯化反应的速度与羧酸及醇的结构有关，羧酸的 α- 碳原子上有侧链时，酯化反应速度会减慢。当使用相同的羧酸和不同的醇进行酯化反应时，反应速度伯醇 > 仲醇 > 叔醇。

（二）酰化法

乙酸酐或酸氯与醇直接作用制取酯的方法称为酰化法。这种反应是不可逆的，所以酯化反应的得率较高。尤其对于一般难于用直接酯化法制备的酯类，或在直接酯化中容易产生副反应的酯类较为适用如乙酸芳樟酯、乙酸柏木酯、苯乙酸对甲酚酯等香料均采用此法生产。

$$R-\overset{O}{\overset{\|}{C}}-O-\overset{O}{\overset{\|}{C}}-R + R'OH \longrightarrow R-\overset{O}{\overset{\|}{C}}-OR' + R-\overset{O}{\overset{\|}{C}}-OH$$

$$R-\overset{O}{\overset{\|}{C}}-X + R'OH \longrightarrow R-\overset{O}{\overset{\|}{C}}-OR' + HX$$

从上述两个反应式可以看出，醇分子羟基上的氢原子被酰基（R—C=O）取代，因此称为酰化反应，如果酰基是乙酰基，就称为乙酰化反应。

乙酸酐与醇的酰化反应中，常用的酸性催化剂有硫酸、盐酸、对甲基苯磺酸、氯磺酸、过氯酸等。常用的碱性催化剂有醇钠、Na^2CO^3、吡啶、叔胺等。

酰氯与醇的酰化反应中常用碱性试剂吸收生成的氯化氢，常用的碱性试剂有氢氧化钠水溶液、碳酸钠、三乙胺等。

（三）卤代烃与羧酸盐的反应

在香料工业中有时也采用卤代烃与羧酸盐反应生成酯的方法。当采用直接酯化法有困难（如叔醇酯类）或者卤代烃原料容易大量获得时（如R′为苄基或丙烯基等）采用此法。

$$R-\overset{\displaystyle O}{\overset{\|}{C}}-OM + R'X \longrightarrow R-\overset{\displaystyle O}{\overset{\|}{C}}-OR' + MX$$

$$M = Ag,\ K,\ Na \text{ 等}$$

当醇与酸直接进行酯化反应有困难时（如叔醇酯类），或卤代烃和羧酸盐比其相应的醇和酸更为易得和价廉时，往往使用卤代烃和羧酸盐反应来制备酯，常采用N，N-二甲基甲酰胺和吡啶等催化剂。卤代烃的反应活性顺序为：RI>RBr>RCl，羧酸盐中银盐比其他盐类容易参与反应，而钠盐在反应时活性最差。

（四）酯交换反应

1. 醇交换

醇交换反应也是制备酯类香料广泛使用的方法之一。其反应通式为：

$$R-\overset{\displaystyle O}{\overset{\|}{C}}-OR' + R''OH \underset{\text{或}OH^-}{\overset{H^+}{\rightleftharpoons}} R-\overset{\displaystyle O}{\overset{\|}{C}}-OR'' + R'OH$$

此反应也是可逆反应，为了提高产物的得率，就必须将反应物中某一原料量过量，并且将其中一种生成物从反应体系中不断地移走，破坏可逆反应的平衡，即可提高产物的得率。至于在反应体系中增加或除去何种物质，则必须根据具体的产品来决定，一般总是把酯分子中的伯醇基用另一高沸点的伯醇基取代。

此反应中所采用的酸性或碱性催化剂有醇钠、纯碱（干燥及粉末状）、金属、金属氧化物、无机酸盐、羧酸盐、阳离子交换树脂、对甲苯磺酸、乙酸锌等。

例如，水杨酸薄荷酯的制备就是采用醇交换法进行的。以水杨酸甲酯（冬青油）为原料，加入适量薄荷脑以及少量甲醇钠为催化剂，反应中通过分馏塔将生成的甲醇蒸出，使反应趋向于水杨酸薄荷酯的生成。

$$\text{薄荷脑} + CH_3O-\overset{O}{\overset{\|}{C}}-C_6H_4(OH)\ (\text{水杨酸甲酯}) \xrightarrow{CH_3ONa} \text{水杨酸薄荷酯} + CH_3OH$$

薄荷脑　　水杨酸甲酯　　水杨酸薄荷酯

2. 酯交换

除采用醇交换反应外，还可采用酯交换反应。反应通式如下：

$$R-\overset{O}{\overset{\|}{C}}-OR' + R''-\overset{O}{\overset{\|}{C}}-OR''' \longrightarrow R-\overset{O}{\overset{\|}{C}}-OR''' + R''-\overset{O}{\overset{\|}{C}}-OR'$$

如邻－氨基苯甲酸芳樟酯的制备，就是采用邻氨基苯甲酸甲酯和甲酸芳樟酯在乙醇钠存在下进行酯交换反应制得。

$$\text{甲酸芳樟酯} + CH_3O-\overset{O}{\overset{\|}{C}}-C_6H_4(NH_2) \xrightarrow{EtONa} \text{邻-氨基苯甲酸芳樟酯} + H-\overset{O}{\overset{\|}{C}}-OCH_3$$

甲酸芳樟酯　　邻-氨基苯甲酸甲酯　　邻-氨基苯甲酸芳樟酯

上述两种方法，主要弥补有些酯类化合物不能采用直接酯化法及酰化法来制备的缺点，尤其对含有双键的酯，采用此法更为有利。

（五）酯的羧酸解反应

酯和羧酸的羧酸解反应也可合成酯类化合物，特别适用于合成二元酸单酯以及羧酸乙烯酯类等。

例如，在浓盐酸存在下，己二酸二乙酯与己二酸在二丁醚中回流，生成己二酸单乙酯。

$$C_2H_5O-\overset{O}{\overset{\|}{C}}-(CH_2)_4-\overset{O}{\overset{\|}{C}}-OC_2H_5 + HO-\overset{O}{\overset{\|}{C}}-(CH_2)_4-\overset{O}{\overset{\|}{C}}-OH$$

$$\xrightarrow[(C_4H_9)_2O]{HCl} HO-\overset{O}{\overset{\|}{C}}-(CH_2)_4-\overset{O}{\overset{\|}{C}}-OC_2H_5$$

在乙酸汞和浓硫酸存在下，乙酸乙烯酯与十二酸反应，加热回流可以生成十二酸乙烯酯。

$$CH_3(CH_2)_{10}-\overset{O}{\overset{\|}{C}}-OH + CH_3-\overset{O}{\overset{\|}{C}}-OCH{=}CH_2 \xrightarrow[H_2SO_4]{Hg\ (OAc)_2} CH_3(CH_2)_{10}-\overset{O}{\overset{\|}{C}}-OCH{=}CH_2 + CH_3COOH$$

（六）Prins 反应

在酸性条件下，烯烃对甲醛的加成反应在不同介质中可以得到不同的酯类产物。如在冰乙酸介质中 α- 烯烃与甲醛可以制得 1，3- 二乙酸酯。

$$R\diagdown\!\!=\ + CH_2O \xrightarrow{HAc+H_2SO_4} R-\underset{OCOCH_3}{\underset{|}{CH}}-CH_2CH_2OCOCH_3$$

（七）烯烃与羧酸反应

羧酸酯也可采用将羧酸（甲酸、乙酸或同系羧酸）加到烯烃中，并在强酸催化下制得。反应通式为：

$$\rangle C{=}C\langle + HO-\overset{O}{\overset{\|}{C}}-R \xrightarrow{H^+} -\overset{H}{\overset{|}{C}}-\overset{O-\overset{O}{\overset{\|}{C}}-R}{\overset{|}{C}}-$$

此反应中的催化剂为高氯酸（$HClO_4$）或三氟化硼（BF_3），氯化锌（$ZnCl_2$）也曾使用过。当使用浓硫酸作为催化剂时需在加压的条件下进行反应。

此反应的优点除可将烯烃直接加成制备羧酸酯以外，当某些醇不易直接制备羧酸酯类时，可采用相应的烯烃进行反应得到酯。

此反应在合成香料中已被应用于乙酸三环癸烯酯和丙酸三环癸烯酯的合成。

一步法：

$$\text{二聚环戊二烯} + CH_3COOH + HClO_4 \xrightarrow{70\sim75^\circ C} CH_3-\overset{O}{\overset{\|}{C}}-O-\text{(三环癸烯基)}$$

二聚环戊二烯　　　　乙酸三环癸烯酯

两步法：

$$\text{二聚环戊二烯} + H_2O \xrightarrow[95\sim100^\circ C]{25\%H_2SO_4} HO-\text{(三环癸烯基)}$$

二聚环戊二烯

$$HO-\text{(三环癸烯基)} \xrightarrow[CH_3COONa]{(CH_3CO)_2O} \xrightarrow{回流} CH_3-\overset{O}{\overset{\|}{C}}-O-\text{(三环癸烯基)}$$

乙酸三环癸烯酯

（八）腈的醇解

在硫酸或氯化氢存在下，腈与醇一起加热即可直接得到酯类化合物。脂肪族、芳香族、杂环族的腈化物均可转变为相应的酯类。

$$R-CN + R'-OH \xrightarrow{HX} \left[R-\overset{\overset{NH \cdot HX}{\|}}{C}-OR' \right] \xrightarrow{H_2O} R-\overset{\overset{O}{\|}}{C}-OR' + NH_4X$$

（九）烷氧羰基化反应

以卤代烃为原料，在金属羰基化合物催化剂存在下，与一氧化碳和醇反应制备酯类。常用的金属羰基化合物有四羰基镍、四羰基钴钠、四羰基铁二钠等。

$$R-X + CO + R'-OH \xrightarrow{Ni(CO)_4} R-\overset{\overset{O}{\|}}{C}-OR' + HX$$

以不饱和烃为原料，在贵金属催化剂存在下，与一氧化碳和醇反应也可制备酯类。常用的贵金属催化剂有钯、二氯化钯、四羰基镍、铂氯氢酸－二氯化锡等。

$$R-CH=CH_2 + CO + R'-OH \xrightarrow{PdCl_2} RCH_2CH_2-\overset{\overset{O}{\|}}{C}-OR'$$

二、内酯类香料的制备生产

内酯化合物是羟基酸分子中的醇羟基和羧基脱去一分子水生成的产物。内酯化合物具有酯类的特性，在香气上与酯类有许多共同之处，但也有自己的特征香气。内酯类化合物大都具有花香、果香、乳香，广泛应用于日化香精和食用香精中。内酯之间最为突出的是在香气上均有果香，而且留香时间长且具圆和增香作用。但是内酯的环的位置和大小不同时，其香气有很大的差别。如γ－内酯具有果香，大多具有桃、椰子、苹果等水果的香气，δ－内酯往往具有乳香和乳酪香味，香气比相应的γ－内酯更为柔软。δ－内酯如今不仅大量地应用于食用香精中，而且也应用于某些日化香精中。

值得注意的是，酯类香料几乎在一切类型的香精中都能使用，而内酯类化合物虽然具有愉快的香气，但因个别的内酯生产过程较复杂、原料来源困难等原因，在香料工业上的应用受到一定的限制，尤其是几个巨环内酯化合物。

（一）β- 内酯（β-Lactone）的制备

由羟基酸脱水内酯化制得：

$$\mathrm{R-\underset{OH}{\underset{|}{C}H}-CH_2-\underset{OH}{\underset{|}{C}}{=}O \xrightarrow{-H_2O} R-CH-CH_2\ (O-C{=}O\ \text{环})}$$

由醛和丙二酸为原料反应制得：

$$\mathrm{RCHO + CH_2(COOH)_2 \longrightarrow RCH{=}CH_2(COOH)_2 \longrightarrow R-CH-CH_2\ (O-C{=}O\ \text{环})}$$

由甲醛和乙烯酮为原料反应制得：

$$\mathrm{HCHO + CH_2{=}C{=}O \longrightarrow CH_2-CH_2\ (O-C{=}O\ \text{环})}$$

（二）γ- 内酯（γ-Lactone）的制备

1. 雷福尔马斯基（Reformatsky）反应合成法

通常利用雷福尔马斯基（Reformatsky）反应将羰基化合物与β- 卤代酸酯在锌存在下进行缩合反应，可以得到γ- 羟基羧酸酯，后者再在酸催化下脱水生成相应的γ- 内酯。

$$\mathrm{RR'C{=}O + BrCH_2CH_2COOC_2H_5 \xrightarrow{Zn} R'-\underset{OH}{\overset{R}{C}}-CH_2-CH_2-COOC_2H_5}$$

β-卤代酸酯　　　　γ-羟基羧酸酯

$$\mathrm{\xrightarrow{H^+} R'-\overset{R}{C}-CH_2-CH_2\ (O-C{=}O\ \text{环})}$$

γ-内酯

2. 由γ- 酮酸还原环化制得

$$\mathrm{R-\overset{O}{\overset{\|}{C}}-CH_2-CH_2-\overset{O}{\overset{\|}{C}}-OH \xrightarrow[-H_2O]{H_2} R-CH-CH_2-CH_2\ (O-C{=}O\ \text{环})}$$

酰基丙酸　　　　γ-内酯

不饱和的γ-内酯可由γ-酮酸在适当的温度下缓慢加热制得

$$\underset{\gamma\text{-戊酮酸}}{CH_3-\underset{\underset{O}{\|}}{C}-CH_2CH_2COOH} \longrightarrow \underset{\text{当归内酯}}{\begin{array}{l} CH-CH_2-C{=}O \\ \| \qquad\qquad\quad | \\ CH_3-C\text{———}O \end{array}}$$

3. 丙二酸与脂肪醛缩合法

将丙二酸和脂肪醛进行缩合反应，首先得到α，β-和β，γ-不饱和酸，经内酯化生成γ-内酯。这一方法的优点是原料易得，可用于合成多种γ-内酯，尤其适用于合成γ-壬内酯（椰子醛）。

$$R-CH_2-CHO + \begin{array}{c} COOH \\ | \\ CH_2 \\ | \\ COOH \end{array} \longrightarrow \begin{array}{c} R-H_2C-HC{=}CH-COOH \\ + \\ R-HC{=}CH-CH_2-COOH \end{array} \xrightarrow{\text{HY型分子筛}} \begin{array}{l} R-CH-CH_2-CH_2 \\ \quad | \qquad\qquad\quad | \\ \quad O\text{————}C{=}O \end{array}$$

4. 取代环氧乙烷与丙二酸酯缩合法

烷基环氧乙烷与丙二酸二乙酯的钠盐进行缩合反应，然后脱羧形成γ-内酯。

$$R-\underset{\diagdown O \diagup}{CH\text{——}CH_2} + Na-\begin{array}{c} COOC_2H_5 \\ | \\ C-H \\ | \\ COOC_2H_5 \end{array} \longrightarrow \begin{array}{l} \qquad\qquad\qquad COOC_2H_5 \\ \qquad\qquad\qquad | \\ R-CH-CH_2-CH \\ \quad | \qquad\qquad\quad | \\ \quad O\text{————}C{=}O \end{array} \longrightarrow \begin{array}{l} R-CH-CH_2-CH_2 \\ \quad | \qquad\qquad\quad | \\ \quad O\text{————}C{=}O \end{array}$$

5. 过氧化物氧化法

（1）利用醇类与不饱和酸的游离基加成反应（目前桃醛与椰子醛等γ-内酯均采用此法生产）。

醇类在游离基引发剂（如二叔丁基过氧化物）等存在下先生成游离基，然后与不饱和羧酸酯进行加成反应生成γ-内酯。

$$2R'CH_2OH + \dot{(}CH_3)_3C-O-O-C(CH_3)_3 \longrightarrow 2R'\dot{C}H-OH + 2(CH_3)_3C-OH$$

$$2R'\dot{C}H-OH + CH_2{=}CH-COOR \longrightarrow R'-\underset{\underset{OH}{|}}{CH}-CH_2-\dot{C}H-COOR$$

$$\xrightarrow{RCH_2OH} R'-\underset{\underset{OH}{|}}{CH}-CH_2-CH_2-COOR \xrightarrow{H^+} \begin{array}{l} R-CH-CH_2-CH_2 \\ \quad | \qquad\qquad\quad | \\ \quad O\text{————}C{=}O \end{array}$$

（2）由醛和丁烯二酸二乙酯作用。

$$CH_3(CH_2)_5CHO + \begin{matrix} CH—COOC_2H_5 \\ \| \\ CH—COOC_2H_5 \end{matrix} \xrightarrow{(C_6H_4CO)_2O_2} CH_3(CH_2)_5—\overset{O}{\overset{\|}{C}}—\underset{CH_2—COOH}{\underset{|}{CH}}—COOH$$

$$\xrightarrow{\triangle} CH_3(CH_2)_5—\overset{O}{\overset{\|}{C}}—CH_2CH_2COOH \xrightarrow[{[(CH_3)_2CHO]_3Al}]{还原} CH_3(CH_2)_5—\underset{O\text{———————}}{\underset{|}{CH}}—CH_2—\underset{C=O}{\underset{|}{CH_2}}$$

癸内酯

6. 不饱和酸的环化

蒸馏或用硫酸处理β，γ- 或γ，δ- 不饱和羧酸制得γ- 内酯。若双键的位置不在β，γ- 或γ，δ- 位，而是距离羧基较远的烯酸，生成的内酯仍然是γ- 内酯。如ω- 十一稀酸，双键位置在C_{10}和C_{11}之间，当用硫酸处理时，得到γ- 十一内酯（桃醛、十四醛）。这是因为加热时发生了异构化移位，双键位置先移到β，γ-位后，再环化生成γ- 内酯。

$$\underset{十一烯酸}{CH_2=CH(CH_2)_8COOH} \xrightarrow{H_2SO_4} CH_3(CH_2)_6CH=CHCH_2COOH$$

$$\xrightarrow{\triangle} CH_3—(CH_2)_6—\underset{O\text{———————}}{\underset{|}{CH}}—CH_2—\underset{C=O}{\underset{|}{CH_2}}$$

7. 由糠醛制得

$$\text{(2-呋喃甲醛, CHO)} \longrightarrow \text{(2-呋喃甲醇, CH}_2\text{OH)} \xrightarrow{HCl-C_2H_5OH} CH_3COCH_2CH_2COOC_2H_5$$

$$\xrightarrow[②H^+ - H_2O]{①[H]} CH_3—\underset{O\text{———————}}{\underset{|}{CH}}—CH_2—\underset{C=O}{\underset{|}{CH_2}}$$

γ-戊内酯

$$\text{(2-呋喃甲醛, CHO)} + RMgX \longrightarrow \text{(呋喃基}—\underset{OH}{\underset{|}{CH}}—R) \xrightarrow{HCl-C_2H_5OH} RCH_2COCH_2CH_2COOC_2H_5$$

$$\xrightarrow[②H^+ - H_2O]{①[H]} \left[RCH_2—\underset{OH}{\underset{|}{CH}}—CH_2CH_2COOH \right] \longrightarrow RCH_2—\underset{O\text{———————}}{\underset{|}{CH}}—CH_2—\underset{C=O}{\underset{|}{CH_2}}$$

R=—C_4H_9，椰子醛
R=—C_3H_7，γ-辛内酯

当R为不同的取代基时，即可合成各种不同的γ- 内酯，利用该法合成的γ-内酯带有青香气息。

8. 由γ- 卤代酸和乙醇钠作用制得

$$ClCH_2-CH_2-CH_2-COOH \xrightarrow{C_2H_5ONa} \begin{array}{l} CH_2-CH_2-CH_2 \\ | \qquad\qquad\quad | \\ O\text{———}C{=}O \end{array}$$

9. 由酸酐还原制得

$$\begin{array}{l} CH-CO \\ \| \qquad \diagdown \\ \| \qquad\quad O \\ \| \qquad \diagup \\ CH-CO \end{array} \xrightarrow{C_2H_5OH} \xrightarrow{H_2} \begin{array}{l} CH_2-CH_2-CH_2 \\ | \qquad\qquad\quad | \\ O\text{———}C{=}O \end{array}$$

10. 由1，4- 二元醇催化脱氢制得

$$\begin{array}{l} CH_3-CH-CH_2-CH_2-CH_2 \\ \qquad\ | \qquad\qquad\qquad\quad | \\ \qquad OH \qquad\qquad\qquad OH \end{array} \xrightarrow{Cu} \begin{array}{l} CH_3-CH-CH_2-CH_2 \\ \qquad\ | \qquad\qquad\ | \\ \qquad O\text{———}C{=}O \end{array} + H_2$$

（三）δ- 内酯（δ-Lactone）的制备

δ- 内酯又称戊内酯。

δ- 内酯主要用于食用香精中，也可少量添加到某些化妆品香精和香水中，可起到画龙点睛的作用。δ- 内酯的香气和香味与相应的γ- 内酯相比更为柔和，在配方中往往起到关键性的作用。例如，δ- 十二内酯对于白脱、冰淇淋和乳酪香精配方中是不可缺少的重要成分。

δ- 内酯比相同碳数的γ- 内酯更难合成。很长一段时间没有找到一条步骤简单、收率较高的合成δ- 内酯的方法，现介绍几种新的合成路线，它们在工艺改进和收率提高方面都有新的突破。

1. 由乙烯基酮和丙二酸酯缩合反应制得

将取代的乙烯基酮和丙二酸酯进行缩合，然后经水解、脱羧、还原生成δ- 基酸，最后在酸性催化下进行环化反应生成δ- 内酯。

$$\begin{array}{c} O \\ \| \\ R-C-CH{=}CH_2 \end{array} + \begin{array}{l} COOC_2H_5 \\ | \\ CH_2 \\ | \\ COOC_2H_5 \end{array} \longrightarrow \begin{array}{l} \quad O \qquad\qquad\qquad\quad COOC_2H_5 \\ \quad \| \qquad\qquad\qquad\qquad | \\ R-C-CH_2-CH_2-CH \\ \qquad\qquad\qquad\qquad\quad\ | \\ \qquad\qquad\qquad\qquad\quad COOC_2H_5 \end{array} \xrightarrow[\text{② } H^+,\ -CO_2]{\text{① } OH^-} \xrightarrow{[H]}$$

$$\begin{array}{l} \qquad OH \\ \qquad | \\ R-CH-CH_2-CH_2-CH_2-COOH \end{array} \xrightarrow{H^+} \begin{array}{l} R-CH-CH_2-CH_2-CH_2 \\ \qquad | \qquad\qquad\qquad\ | \\ \qquad O\text{————}C{=}O \end{array}$$

2. 通过格氏（Grignard）反应制得

格氏试剂首先与戊二醛反应生成戊二醛的半缩醛，然后经氧化生成δ-羟基酸，最后在酸性条件下环化生成δ-内酯。

$$RMgX + OHC-(CH_2)_3-CHO \xrightarrow{THF} R-\underset{\large OMgX}{\underset{|}{CH}}-(CH_2)_3-CHO \xrightarrow{NH_4Cl-H_2O}$$

$$R-\underset{\large OH}{\underset{|}{CH}}-(CH_2)_3-CHO \xrightarrow{\text{氧化}} R-\underset{\large OH}{\underset{|}{CH}}-(CH_2)_3-COOH \xrightarrow{H^+} R-CH-CH_2-CH_2-CH_2-C(=O)-O\text{（环）}$$

3. 以环己二酮为原料的合成路线

以1，3-环己二酮为原料，首先与卤代烷在Lewis酸作用下进行烷基化反应，然后氧化开环生成酮酸，最后经催化加氢或异丙醇铝还原、关环生成δ-内酯。

$$\text{1,3-环己二酮} + RX \xrightarrow{\text{Lewis 酸}} \text{2-R-1,3-环己二酮} \xrightarrow{\text{氧化}} \text{酮酸(COOH)} \xrightarrow{C_2H_5OH-H^+} \text{酮酯}(CO_2C_2H_5)$$

$$\xrightarrow[\text{或}[(CH_3)_2CHO]_3Al]{H_2/Ni} \text{羟基酯}(OH,\ CO_2C_2H_5) \xrightarrow[\text{② } H_2SO_4]{\text{① KOH}} \text{羟基酸}(OH,\ COOH) \longrightarrow \delta\text{-内酯}$$

4. 以烷基环戊酮为原料的合成路线

以α-烷基环戊酮为原料，用Caros试剂氧化生成酮酸。再经还原和环化反应生成δ-内酯。

$$\text{2-R-环戊酮} \xrightarrow[H_2SO_4]{K_2S_2O_8} \text{酮酸(COOH)} \xrightarrow{H_2/Ni} \text{羟基酸(OH, COOH)}$$

$$\xrightarrow{H^+} R-CH-CH_2-CH_2-CH_2-C(=O)-O\text{（环）}$$

5. 以脂肪醇和乙烯基乙酸酯为原料进行缩合反应制得

脂肪醇与乙烯基乙酸乙酯进行缩合反应，首先生成δ-羟基酸，然后环化生成δ-内酯。

$$R-CH_2OH + CH_2=CH-CH_2-COOEt \longrightarrow R-\underset{\large OH}{\underset{|}{CH}}-(CH_2)_3-COOH$$

$$\xrightarrow{H^+} R-CH-CH_2-CH_2-CH_2-C(=O)-O\text{（环）}$$

6. 扩环的方法

（1）以环戊酮和脂肪醛为原料的合成路线

环戊酮和脂肪醛在碱性条件下进行缩合反应生成α-亚烷基环戊酮，然后选择加氢成α-烷基环戊酮。最后用过氧乙酸或双氧水一尿素氧化扩环生成δ-内酯。

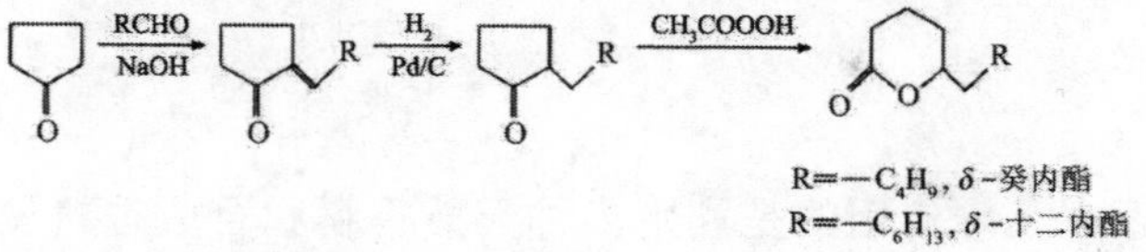

$$\xrightarrow[NaOH]{RCHO} \quad \xrightarrow[Pd/C]{H_2} \quad \xrightarrow{CH_3COOOH}$$

$R=—C_4H_9$，δ-癸内酯

$R=—C_6H_{13}$，δ-十二内酯

（2）以己二酸二乙酯为原料的合成路线

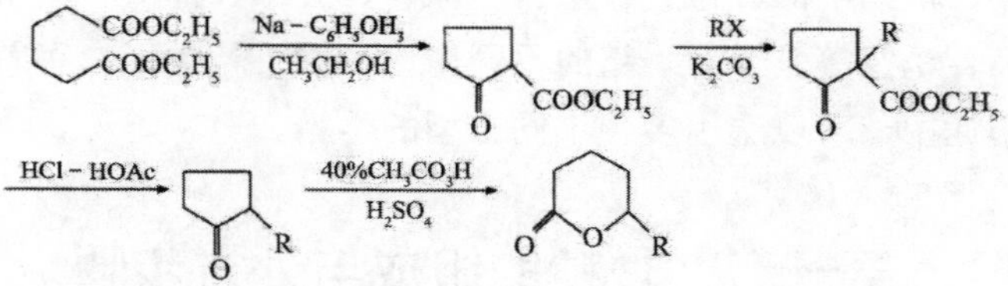

$$COOC_2H_5,\ COOC_2H_5 \xrightarrow[CH_3CH_2OH]{Na-C_6H_5OH_3} \quad COOC_2H_5 \xrightarrow[K_2CO_3]{RX} \quad R,\ COOC_2H_5$$

$$\xrightarrow{HCl-HOAc} \quad R \xrightarrow[H_2SO_4]{40\%CH_3CO_3H} \quad R$$

7. 由1，5-二元醇催化脱水制得

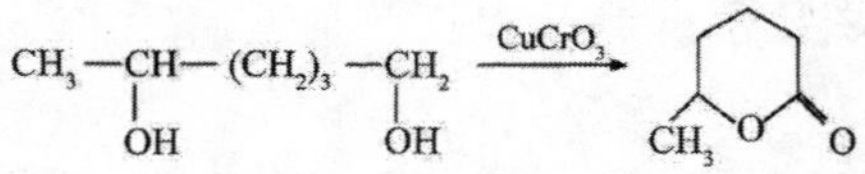

$$CH_3-\underset{OH}{CH}-(CH_2)_3-\underset{OH}{CH_2} \xrightarrow{CuCrO_3} \quad CH_3$$

第五章　香精的制备应用与安全控制

在各种加香产品中使用的是利用多种天然香料和合成香料调配而成的香料混合物，即香精。香精一般少量添加于其他产品中作为辅助原料，主要用于日用化学品、食品、烟酒制品、橡胶、塑料、涂料、胶水、油墨、墨水、纺织品、润滑剂、工艺品、诱饵等。针对香精的不同用途，对香精的形态有着不同的要求；同时在各种用途中，可以选用多种不同香型的香精。

第一节　香精的组成与处方步骤

一、香精的基本组成

香精是由香料（有时有辅助原料或溶剂）组成的。根据香料在香精中的作用可分为主香剂、辅助剂（和合剂、修饰剂）、定香剂、头香剂四大类。

（一）主香剂（Base）

主香剂是形成香精主体香韵的基础，是构成香精香气的基本原料。主香剂也可由一种香料担任，也可由几种甚至数十种香料担任。例如：调和橙花香精往往只用橙叶油一种香料作主香剂，而调配玫瑰香精则常用香叶醇、香茅醇、苯乙醇、香叶油等数种香料作主香剂。若要仿配某种香型的香精，应首先找出基本香气特征，确定其主香剂，然后才能进行配制。

（二）辅助剂（Adjuvant）

辅助剂主要是弥补主香剂的不足，使香精的香气变得优雅、清新、协调，使主香剂更能发挥作用，体现出香精的主体香气特征。

辅助剂分为两种：和合剂和修饰剂。

1. 和合剂（Blender）

和合剂的香气与主香剂属于同一类型，但和合剂的作用是使主香剂的香气更加明显突出，加强香精的主要香气特征。如茉莉香精的和合剂常可用丙酸苄酯、松油醇等；玫瑰香精则以芳樟醇、羟基香茅醛等和合。

2. 修饰剂（Modifier）

修饰剂又叫变调剂，它的作用是调整香气，使香精增添某种新风韵。修饰剂的香气与主香剂不属于同一类型。如：茉莉香精常以玫瑰样香气的原料来变调；而玫瑰香精又常以茉莉或其它花香的原料来变调。

（三）定香剂（Fixative）

定香剂的作用主要就是延长香精中某些香料组分（或者是整个香精）的挥发时限，同时使香精的香气特征或香型能保持较稳定而持久。定香剂的沸点较高（即难挥发），通常在200℃以上。

定香剂本身可以是一种香料，也可以是一种没有香气或香气极弱的物质。但也需指出，某种定香剂对某些香料的定香效果，会因客观环境条件的不同而有变化，所以对定香剂的选择，也要根据具体情况而定。

定香剂可分为动物性定香剂、植物性定香剂、合成定香剂。

1. 动物性定香剂

常用的是四种：麝香、龙涎香、灵猫香及海狸香。该四种定香剂用在香精中，不但能使香气持久，而且能使整个香气柔和、圆熟和生动。由于动物性香料物稀价昂，一般很少使用，在高档名牌香精中会使用少许。麝香应用广泛；龙涎香宜用于古龙型；海狸香宜用于男用香精和皮革、东方、檀香型香精中；灵猫香比麝香香气优雅，通常可作高级香水香精的定香剂。

2. 植物性定香剂

该类定香剂品种较多，一般是以精油、香树脂、净油、浸膏等使用，它们除具有定香作用外，又因为香气不同而有时兼有调和修饰的作用。

3. 化学合成的定香剂

可作为定香剂的合成香料很多，一般都是沸点较高，蒸气压较低的品种，它们中多数具有一定强度的香气，有些则是无香或香气极微弱（如苯甲酸苄酯）。

总之，定香剂的选择恰当与否，对香精的香气是否持久，香型是否能长时间保持一致有一定的影响，所以用量要适当，既要能起定香作用，又不能妨碍主香剂，使香精的香气逐渐散逸，要恰到好处。

（四）头香剂

头香剂也称顶香剂，是比较容易挥发的原料，用以使整个香气突出。头香剂的香气也就是人们嗅辨香精时最初片刻的香气印象，即头香。

1. 基香、体香和头香

根据香料挥发性及其在香精中的作用又可分为头香、体香和基香三类。

（1）头香（Top Note）。头香是对香精嗅辨时最初片刻所感到的香气，也就是人们首先能嗅感到的香气特征。头香是香精整个香气中一个组成部分，一般是由挥发度高，香气扩散力较好的香料所构成。

（2）体香（Body Note）。体香是在头香之后，立即被嗅觉感到的香气，是香精的主体香气，代表着香精的主要香气特征，且能在长时间中保持稳定和一致，是香精香气的主要组成部分。

（3）基香（Basic Note）也称尾香，是香精的头香与体香挥发后，留下的最后的香气，这部分香气一般可以持续数日之久。

2. 头香剂的作用

头香剂使整个香气突出，给予人们最初片刻的香气印象，使香精香气明快透发。好的头香剂给顾客以先入为主的好感，使其加香产品受到青睐。现时常用果香、醛香作头香。

3. 常见的基香、体香和头香剂

常见的基香、体香和头香剂见表 5-1。

表 5-1 常见的基香、体香和头香剂

基香	体香	头香	基香	体香	头香
茉莉净油	香茅油	香柠檬油	桃醛	乙酸芳酯	苯甲醛
茉莉浸膏	橙花油	柠檬油	茉莉醛	乙酸香茅酯	乙酸乙酯
橡苔净油	香叶油	柑橘油	香兰素	乙酸香叶酯	
橡苔浸膏	丁香油	橘子油	硝基麝香	龙脑	
广藿香油	百里香油	薰衣草油	桂醇	丁香酚	
岩兰草油	松油醇	薄荷油	金合欢醇		
依兰油	香叶醇	迷迭香油	香豆素		

续表

基香	体香	头香	基香	体香	头香
柏木油	香茅醛	芳樟醇	（甲基）紫罗兰酮		
植香油	葵醛	辛醛			

二、香精处方的步骤

目前，我国调香工作者一般采用“三步法”，来进行香精的处方。所谓“三步法”，即“明体例、定品质、拟配方”，现分述如下。

（一）明体例

简单地说，就是要求运用论香气的知识和辨认香气的能力，明确要设计的香精应该用哪些香韵去组成哪种香型。这是进行香精处方的基本要求，也是第一步。

所谓论香气，就是运用有关香料分类、香气（香韵）分类、香型分类、天然单离与合成香料的理化性质、香气特征与应用范围（包括持久性、稳定性、安全性、适用范围）等方面的理性知识，以及从嗅辨实践所积累的感性知识和经验，去明确要仿制（仿香）或创拟（创香）的香精中所含有或需要的香韵和弄清它应归属的香型类别。

例如，仿香时，如果仿制某种天然香料（精油、净油等），首先要弄清它归属的香气类别，尽可能地查阅有关成分分析的资料，再用嗅辨的方法或用嗅辨与仪器分析相结合的方法，对其主要香气成分及一般香气成分有所了解，做到心中有数。

如果是仿制某一个香精或加香产品的香气，首先用嗅辨的方法，大体上弄清其香气特征、香型类别以及在挥发或使用过程中的香气演变情况，判定它由哪些香韵组成以及每种香韵主要来自哪些香料。如有条件，最好与仪器分析法相结合来判定其中主要含有哪些香料及其大致的相对配比情况。

在创香时，首先要根据香精的使用要求，构思拟出香精香型的主要轮廓和其中各香韵拟占的比例大小，即香型“格局”；再按此格局，考虑其中各香韵的组成及主次关系。

以上就是香精处方的第一步 —— 明体例。在这一步中，调香工作者的审美观点与想象力都是很重要的。

（二）定品质

在明体例之后，第二步是定品质，即在明确了香精香型及其香韵组成的前提下，按照香精的应用要求，选定香精中所需要的香料品种及其质量等级。

香料品种及其质量等级的选择，一是要根据香精中各香韵的要求；二是要根据香精应用的要求（即要适应加香介质的特性和使用特点的要求）；三是要根据香精的档次（即价格成本的要求）。换言之，就是从香料品种的选用，来确定要仿制或创拟的香精的品质。

例如，所创拟的香型已明确为以青滋香为主的花香一青滋香一动物香，香精是作为高档香水中应用，每千克原料价格在300元左右；花香是以鲜韵、幽鲜韵与甜鲜韵为主的复体花香，青滋香是以叶青为主，苔青为辅的青滋韵，动物香是以龙涎香与麝香并列、以琥珀香为辅的香韵。因是以青滋香为主的花香一青滋香一动物香型，所以从体香中这三类香韵的质量比上来说，青滋香应稍大一些。在具体香料品种的选用时，如对青滋香香韵（叶青及苔青）可从紫罗兰叶净油、除萜玳玳叶油、除萜苦橙叶油、橡苔净油、叶醇、庚炔羧酸甲酯、水杨酸叶醇酯、二氢茉莉酮酸甲酯等中选用；对花香可从小花茉莉净油、依兰油、树兰花油（以上代表鲜韵），铃兰净油、紫丁香净油（以上代表鲜幽韵），以及乙酸苏合香酯、丙酸苏合香酯（用以比拟栀子花的甜鲜香韵），鸢尾酮、甲基紫罗兰酮、玫瑰醇（用来补充甜韵）等中选用；对动物香，可从环十五内酯、环十五酮、龙涎香醚、麝香酊、麝香105（以上代表动物香），甲基柏木基醚、麝葵籽油、岩蔷薇净油、除萜香紫苏油（以上代表琥珀香）等中选用。以上在天然香料中多采用净油与除萜精油，是为了提高香精在乙醇溶液中的溶解能力，防止香水发生混浊，减少过滤操作中的损耗。此外，木香、辛香、果香等有时也可酌量使用，作为修饰之用。

（三）拟配方

香精处方方法的最后一步是“拟配方”，就是通过配方试验（包括应用效果试验）来确定香精中应采用哪些香料品种（包括其来源、质量规格、或特殊的制法要点、单价）和它们的用量。有时还要确定香精的调配工艺与使用条件的要求等。

拟配方，一般要分两个阶段来进行。

第一个阶段：主要是用嗅感评辨的方法进行小样的试配，对小样进行配方调整，取得初步确定的香精整体配方。从香型、香气上说，要使香精中各香韵组成之间，香精的头香、体香与基香之间达到互相协调及持久性与稳定性都达到预定的要求。

第二个阶段：是将第一阶段初步认为满意的香精试样进行应用试验，对配方作进一步修改，以最后确定香精的配方，还要确定其调配方法、在介质中的用量和加香条件以及有关注意事项。为了取得这些具体数据需要进行的试验与观察的内容，主要包括以下几个方面：

（1）确定香精调配方法，如配方中各个香料在调配时，加入的先后次序，香料的预处理要求，对固态和极黏稠的香料的熔化或溶解条件要求等。

（2）确定香精加入介质中的方法及条件要求。

（3）观察与评估香精在加入介质之后所反映出香型、香气质量，与该香精在单独时所显示的香型、香气质量是否基本相同，以及与介质的配伍适应性。

（4）观察与评估香精加入介质后，在一定时间和条件下（如温度、光照、储放架试等），其香型、香气质量（持久性与稳定性）是否符合预期的要求。

（5）观察与评估香精加入介质后的使用效果是否符合要求。

（6）确定该香精在该介质中的最适当用量，其中包括从香气、安全及经济上的综合性衡量。

在拟配方的第一个阶段中，小样的配制方法，可分为以下两种：

第一种方法是，先通过试配取得香精“体香部分”的配比，随后以此“体香试样”为基础，进行加入基香或头香香料的试配，最后取得香精的初步整体配方。在试配“体香部分”时，可从少数几个体香“核心”香料品种开始，先找出最适宜的配比，然后再逐步增加试配入其他的组成体香的香料品种，去取得“体香部分”的配方。如果是创拟性的香精，“体香部分”的香气要符合创拟者的构思设想要求。“体香部分”的香料从质量比来衡量，一般宜占整个香精的一半以上。当然，在取得“体香部分”配比后，在试入基香和头香香料的过程中，有可能对已初步确定的体香中香料的配比要略作调整，以期求得在香气上的和谐、持久和稳定。

该种方法比较适合初学者，一方面，通过采用分层（体香、基香、头香）分步试配、评估的方法，可以帮助初学者逐步掌握不同香料间香气和合、修饰与定香的效应，以及它们之间的相互抵触、损伤作用等，也可对香料香气逐渐记忆积累，取得较多殷实而深刻的体验；另一方面，有助于培养调香者有条理的处方方法，减少“盲目性”。

第二种方法是，直接进行香精的初步整体配方的拟定与小样配制。即在处方时经仔细思考后，在配方单上一次写出所用的香料品种及其配比用量。一般先写

“头香部分”，其次是“体香部分”，最后是“基香部分”，其中应包括有关和合、修饰、定香的香料或辅料。然后经过小样试配，评估，修改配方，再试配，再评估，直到小样的香气效果达到要求后，确定配方为香精的初步整体配方。

该种方法适合于有一定香精处方经验的调香工作者。特别是在进行“配制精油”（已有一定的成分分析资料的品种）的拟方时，或在已“定型”（有配方的或已有大体配比资料的）的香精基础上，进行部分改变格调或增加香韵的处方时，或在仿制一个已有大体成分分析结果的香精时，多采用第二种方法。

在试配小样中，要注意以下各点：

（1）要有一定式样的配方单，应注明下述内容：香精名称或代号；委托试配的单位及其提出的要求（香型、用途、色泽、档次或单价等）；处方及试配的日期及试配次数的编号；所用香料及辅料等的品名、规格、来源、用量；处方者与配样者签名；各次试配小样的评估意见。

（2）对香气十分强烈而配比用量又较小的香料，宜先用适当的无臭有机溶剂，如邻苯二甲酸二乙酯、二聚丙二醇等，或香气极微的香料，如苯甲酸苄酯、苄醇等，稀释至10%或5%或1%或0.1%的溶液来使用。

（3）配方中各香料（包括辅料）的配比，一般宜用质量百分比或千分比。

（4）为了便于计算及节约用料，每次的小样试配量一般为10g或5g。

（5）对在室温下呈极黏稠而不易直接倾倒的香料，可用温水浴（40℃左右）熔化后称用。对粉末状或微细结晶状的香料，则可直接称量，并可搅拌使其溶解，也可在温水浴上搅拌使之迅速溶解，要尽量缩短受热时间。

（6）在称样前，对所用的香料，都要与配方单上注明的逐一核对和嗅辨，以免出错。

（7）称样用的容器与工具均应洁净、干燥，不沾染任何杂气。

（8）对初学香精处方的调香工作者来说，在配小样时，最好每称入一种香料混匀后，即在容器口嗅认一下其香气。

（9）对每次试配的小样，都要注明对其香气评估意见和发现的问题。

（10）对小样配方，都要粗算其原料成本，以便控制成本。

第二节　香精的制备工艺

在香精生产中常用的主要设备如下。

（1）成品罐。材质一般采用不锈钢、搪瓷衬里碳钢或玻璃容器。容量为 20 ～ 2000kg。立式、卧式均可。

（2）香精调和器。材质一般采用不锈钢，带有电动搅拌器，蒸汽或电加热，容量 200 ～ 2000kg。

（3）过滤器。直径 100 ～ 200mm 的砂芯过滤器，直径 100 ～ 200mm 的微孔滤膜过滤器，过滤量 100 ～ 1000kg/h，工作压力 0.3 ～ 0.6MPa，不锈钢板框过滤器。

（4）乳化香精生产设备。胶体磨、均质器、球磨机、砂磨机、高压均质泵、高剪切混合乳化器等。材质均为不锈钢。

（5）粉末香精生产设备。研磨机、混合机、不锈钢网筛、薄膜蒸发干燥器、喷雾干燥器。材质均为不锈钢。

一、不加溶剂的液体香粉生产工艺

不加溶剂的液体香精加工工艺流程图如图 5-1 所示，其中熟化是香精制造工艺中的重要环节，经过熟化之后的香精香气变得和谐、圆润和柔和。这一复杂的化学过程，目前尚不能得到科学的解释。目前采取的方法一般是将调配好的香精放置一段时间，令其自然熟化。

图 5-1 不加溶剂的液体香精的加工工艺流程

二、油溶性和术溶性香精生产工艺

油溶性和水溶性香精加工工艺流程如图 5-2 所示。水性溶剂常用 40% ～ 60% 的乙醇水溶液，一般占香精总量的 80% ～ 90%；其他的水性溶剂如丙二醇、甘油溶液也有使用。

图 5-2 油溶性和水溶性香精的加工工艺流程

油性溶剂常用精制天然油脂，一般占香精总量的 80% 左右；其他的油性溶剂有丙二醇、苯甲醇、甘油三乙酸酯等。

三、乳化香粉生产工艺

乳化香精加工工艺流程如图 5-3 所示。配制外相液的乳化剂常用的有：单硬脂酸甘油酯、大豆磷脂、二乙酰蔗糖六异丁酸酯（SAIB）等；稳定剂常用阿拉伯胶、果胶、明胶、羧甲基纤维素钠等。乳化一般采用高压均浆器或胶体磨在加温条件下进行。

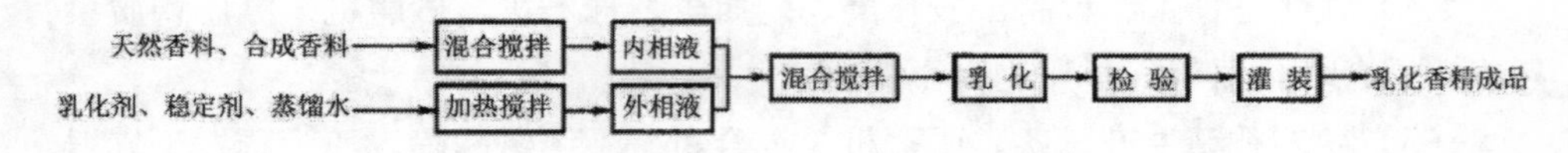

图 5-3 乳化香精加工工艺流程

目前，国产的机械乳化分散设备主要有胶体磨、高速乳化泵、超声波乳化器和高压均质器等。

高压均质器亦称高压均浆泵，是目前应用较多的一种乳化分散设备，有剪切式、桨式、蜗轮式、簧片式等不同类型。它们是利用互不相溶的物料在高压（5.89×104kPa）下突然释放，物料平均以每秒几百米的线速度从高压阀喷出，压差为 1.96×104kPa，阀门出口处平均线速度约为 150m/s。物料在缝隙停留的时间约为 2.8μs。在这种强烈的能量释放和强大液流冲击下，结合空穴作用、剪切作用，使物料颗粒在瞬间被强烈破碎，形成 1μm 以下的油粒子。

四、粉末香精生产工艺

（一）粉碎混合法

如果所用香原料为固体时，采用粉碎混合法是制造粉末香精最简便的方法。下面以香兰素粉末香精为例介绍其配方和操作工艺（图 5-4）。

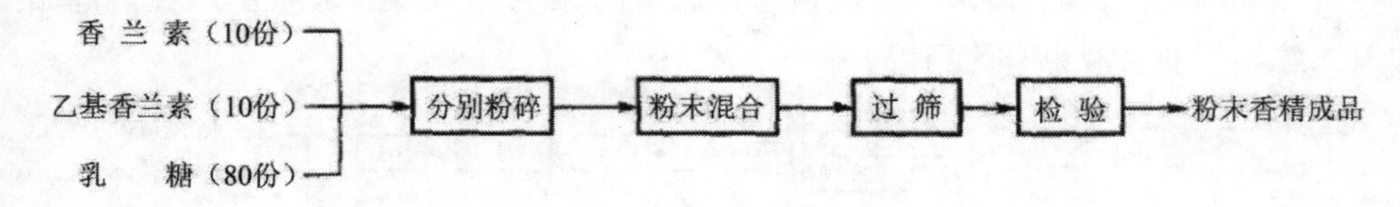

图 5-4 粉碎混合法香兰素粉末香精加工工艺流程

（二）载体吸收法

制造粉末化妆品所需的粉末香精，可用载体吸收法来制备。将制成的粉末（或液体）香精与其他载体混合，即可制成粉类化妆品。载体吸收法粉末香精工艺流程如图5-5所示。

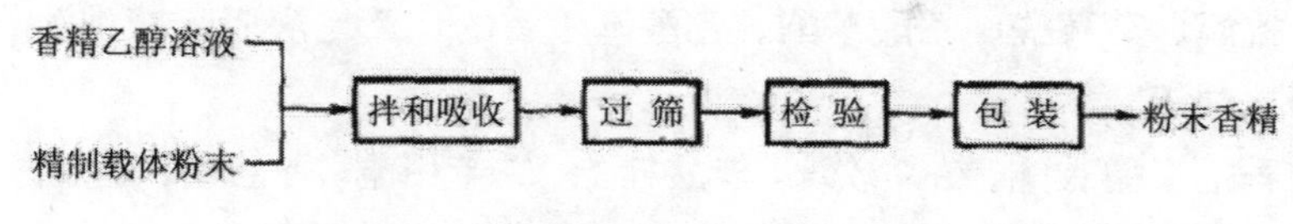

图5-5 载体吸收法粉末香精加工工艺流程

粉末香精载体常选用精制的碳酸镁、碳酸钙粉末。

第三节　日化香精的调配与应用

一、花香型香精

花香型香精大多是模仿天然花香配制而成。主要有玫瑰、茉莉、铃兰、白兰、紫罗兰、丁香、水仙、橙花、桂花、香石竹、风信子、桅子花、金合欢、晚香玉、依兰、草兰、木兰花、树兰花、洋槐花、腊梅花、金银花、山檀花、葵花、菊花、薰衣草、含羞草等数十种。它们大多用于化妆品、香水、香皂、香波、洗涤剂、清洁剂等日化产品中，少量用于食品等加香产品中。

（一）玫瑰（Rose）香精

（1）论香气：玫瑰以迷人、馨甜馥郁的花香闻名世界，是最重要的花香之一，在许多著名的香水，如Chanel N°5、Joy、Poison等中都可以发现玫瑰香韵的存在。玫瑰品种繁多，或以香胜、或以色美、或以形称。但作为调香仿制对香只有数种，如给叶玫瑰（紫红玫瑰）、大马色玫瑰（红玫瑰）、百叶玫瑰（粉红玫瑰）、香水月季（黄玫瑰）、白玫瑰和野蔷薇等。总之，玫瑰是正宗的甜韵，是三种主要甜香的合拍，是醇甜（玫瑰甜）、蜜蜡甜（脂蜡甜）与酿甜（酒香甜）三甜合一。

（2）选香料：在玫瑰香精处方选料时，要根据不同玫瑰的品质、应用要求和档次，恰当地选用这三种甜香的香料，并配合其他香料形成符合要求的香精。现将玫瑰香精常用的香料，按其在香精中的组分作用排列如下：

①主香剂：玫瑰醇、香茅醇、香叶醇、苯乙醇、四氢香叶醇、橙花醇、壬醛、玫瑰醚、突厥烯酮、突厥酮、香叶油、康酿克油、墨红浸膏及净油等。

②和合剂：芳樟醇、甲基紫罗兰酮、紫罗兰酮、桂醇、二氢月桂烯醇、丁香酚、异丁香酚、柠檬醛、羟基香茅醛、乙酸苯乙酯等。

③修饰剂：苯乙醛、癸醛、十一醛、十二醛、松油醇、丁酸香茅酯、丁酸香叶酯、椰子醛、桃醛、草莓醛、乙酸苄酯、乙酸基丁香酚、鸢尾凝脂、檀香油、岩兰草油、广藿香油等。

④定香剂：麝香酮、结晶玫瑰、桂酸桂酯、二苯甲酮、香兰素、苏合香香树酯、吐鲁香膏、秘鲁香膏等。

⑤增加天然感的香料：玫瑰浸膏、玫瑰净油、墨红浸膏等。

（二）茉莉（Jasmin）香精

（1）论香气：茉莉与玫瑰是日用香精中最重要和最常用的两种花香香型。茉莉属鲜韵花香，香气新鲜透发、细致而文雅，赋予持久和优美的留香。有香料价值的茉莉主要有大花茉莉与小花茉莉，国外多指前者，较浓郁而浊香稍重，而后者偏淡雅但清香较显。

（2）选香料：由于大花茉莉和小花茉莉的香气有差异，所以两者在原料选用上应有区别。

①主香剂：乙酸苄酯、芳樟醇、二氢茉莉酮、二氢茉莉酮酸甲酯、吲哚、邻氨基苯甲酸甲酯、乙酸对甲酚酯、α- 戊基桂醛、α- 己基桂醛等。

②和合剂：苯甲醇、丙酸苄酸、乙酸芳樟酯、香叶醇、香茅醇、松油醇、二氢月桂烯醇、甲基紫罗兰酮、N- 甲基邻氨基苯甲酸甲酯等。

③修饰剂：椰子醛、桃醛、乙酸苏合香酯、铃兰醛、癸醛、苯乙醛、丁香酚、桂醇、对甲酚甲醚、异丁香酚苄醚、甜橙油等。

④定香剂：苯甲酸苄酯、洋茉莉醛、麝香酮、苯乙酸、灵猫香膏、吐鲁浸膏、苏合香香树脂等。

⑤增加天然感的香料：大花茉莉浸膏和净油、小花茉莉浸膏和净油、玳玳花油、依兰油等。

（三）铃兰（Lily of the Valley 或 Muguet）香精

（1）论香气：铃兰属鲜幽香韵，花香清鲜幽雅，近来十分受人欢迎。铃兰香韵能与茉莉、玫瑰、紫罗兰等花香和合，同样能调和醛香、青香和花香。

（2）选香料：铃兰花香要在鲜、清、甜三个方面选用香料。

①主香剂：铃兰醛、新铃兰醛、羟基香茅醛、芳樟醇、苯乙醇、香茅醇、松油醇、兔耳草醛、玫瑰醇、α-紫罗兰酮、吲哚、邻氨基苯甲酸甲酯等。

②和合剂：乙酸芳樟酯、乙酸香叶酯、乙酸香茅酯、乙酸苄酯、丙酸苄酯、乙酸桂酯、二氢月桂烯醇、二氢茉莉酮酸甲酯、白兰叶油等。

③修饰剂：辛炔羧酸甲酯、桃醛、桂酸甲酯、洋茉莉醛、苯乙醛、异丁香酚、柠檬油、橡苔净油等。

④定香剂：β-萘甲酮、各种合成麝香、桂酸苄酯、苯乙酸对甲酚酯、灵猫香膏、安息香香树脂等。

⑤增加天然感的香料：依兰油、小花茉莉净油、树兰花油、粉红玫瑰油等。

(四) 紫（白）丁香（Lilac）香精

（1）论香气：在调香技术中紫（白）丁香可统称为紫丁香，属鲜幽香韵。从香气上，常区分为紫花者与白花者两类，紫丁香有偏清而新鲜香气，令人怀念；白丁香中吲哚的气息较突出。紫（白）丁香花有似茉莉的鲜香气和山楂花的清香气，又有似金合欢花的蜜甜香气。扑却认为，优质的松油醇在极度稀释后香气近似紫丁香。

（2）选香料：紫（白）丁香花也是鲜、甜、清混合香气，其香精处方的用料，可按下述品种选用。

①主香剂：松油醇、苯乙醛、苯乙二甲缩醛、α-戊基桂醛、大茴香醛、羟基香茅醛、芳樟醇、金合欢醇、苯乙醇、香茅醇、玫瑰醇、吲哚等。

②和合剂：乙酸苄酯、乙酸香茅酯、乙酸苯乙酯、乙酸芳樟酯、邻氨基苯甲酸甲酯、紫罗兰酮、丁香酚、异丁香酚等。

③修饰剂：兔耳草醛、柠檬醛、十二醛、甲基壬基乙醛、辛炔羧酸甲酯、水杨酸异戊酯、甜橙油、香兰素、香豆素等。

④定香剂：苯甲酸苄酯、水杨酸苄酯、桂酸苯乙酯、异丁香酚节醚、合成麝香类、吐鲁香树脂、苏合香香树脂、安息香香树脂等。

⑤增加天然感的香料：紫（白）丁香浸膏或净油、大花或小花浸膏或净油、玳玳花油、树兰花油、依兰油、白兰浸膏等。

(五) 晚香玉（Tuberose）香精

（1）论香气：晚香玉，又称“月下香”或“夜来香”，晚间开花放香。晚香玉是幽韵花香，香气浓郁而扩散，既有茉莉的鲜清、金合欢花的甜韵，又有苦橙花、草兰的香韵，其独特之处在于有药草香气。

（2）选香料：晚香玉是清、甜、鲜组成的幽韵，外加药草香及柔和的果香，因此可从这些方面来选用香料。

①主香剂：芳樟醇、二氢茉莉酮酸甲酯、乙酸苄酯、乙酸苯乙酯、苯乙醇、橙花醇、水杨酸甲酯、苯甲酸甲酯、邻氨基苯甲酸甲酯、冬青油等。

②和合剂：水杨酸异戊酯、乙酸芳樟酯、羟基香茅醛、茉莉酯、α- 戊基桂醛、苄醇、玫瑰醇、二氢茉莉酮、甲基紫罗兰酮、白兰叶油、芹菜籽油等。

③修饰剂：椰子醛、桃醛、乙酸三环癸烯酯、壬醛、洋茉莉醛、铃兰醛、丁香酚、异丁香酚、香叶油等。

④定香剂：苯甲酸苄酯、桂酸桂酯、水杨酸苄酯、吐鲁香树脂、苏合香香树脂、赖百当浸膏、酮麝香等。

⑤增加天然感的香料：晚香玉净油、小花茉莉净油、依兰油、苦橙花油等。

（六）栀子（Gardenia）香精

（1）论香气：栀子亦称“山栀子”“白蝉花”，花朵有大有小，小花者清酸气重于大花，以白色花朵者香气较好。栀子花是甜鲜香韵，带清甜的果香。其香精油的香气与原花相差较大。栀子香韵是一种重要的修饰香韵。

（2）选香料：现将栀子香精中常用的香料，按其在香精结构中的组分作用排列如下。

①主香剂：乙酸苏合香酯、丙酸苏合香酯、乙酸苄酯、乙酸苯乙酯、邻氨基苯甲酸甲酯、苯乙醇、芳樟醇、松油醇、异丁香酚、丁香酚、椰子醛等。

②和合剂：乙酸桂酯、乙酸芳樟酯、二氢茉莉酮酸甲酯、羟基香茅醛、铃兰醛、α- 戊基桂醛、α- 已基桂醛、二氢茉莉酮、苄醇、桂醇等。

③修饰剂：苦橙叶油、乙酸异戊酯、乙酸玫瑰酯、辛炔羧酸甲酯、洋茉莉醛、苯乙二甲缩醛、紫罗兰酮、吲哚、丁香酚甲醚等。

④定香剂：桂酸苯乙酯、苯甲酸苄酯、异丁香酚节醚、吐鲁香树脂、安息香香树脂、酮麝香等。

⑤增加天然感的香料：栀子花浸膏或净油、大花茉莉浸膏或净油、依兰油、晚香玉浸膏或净油、金合欢浸膏或净油等。

（七）风信子（Hyacinth）香精

（1）论香气：风信子，俗称“洋水仙”，具有强烈的新鲜花香和青香，香气浓郁而细致。风信子花香属甜鲜香韵，是日用香精较常使用的香气之一。品种较多，花有白、粉红、蓝、紫色等，香气之间微有差别，白花、蓝花者为甜鲜稍偏鲜青；红花、紫花者为甜鲜偏甜香气。扑却认为花浅色者，香气较好。

（2）选香料：风信子香精处方的用料，可按下述品种选用。

①主香剂：桂醇、苯丙醇、芳樟醇、N–甲基邻氨基苯甲酸甲酯、乙酸桂酯、乙酸苄酯、苯乙醛、羟基香茅醛、风信子素、溴代苯乙烯等。

②和合剂：松油醇、二甲基苄基原醇及其乙酸酯、二氢月桂烯醇、苯乙醛二甲缩醛、乙酸苯乙酯、桂酸苯乙酯、白兰叶油、香柠檬油等。

③修饰剂：兔耳草醛、铃兰醛、壬醛、甲酸苄酯、水杨酸异戊酯、丁香酚、异丁香酚、乙酸对甲酚酯、丁香油等。

④定香剂：苯乙酸、苯甲酸苄酯、苯甲酸桂酯、桂酸桂酯、苏合香香树脂、安息香香树脂等。

⑤增加天然感的香料：风信子浸膏和净油、大花或小花茉莉浸膏或净油、依兰油、玫瑰油等。

（八）香石竹（Carnation或Oeillet或Dianthus）香精

（1）论香气：香石竹，俗称康乃馨，是Carnation的音译，种类很多，主要用作观赏植物。香石竹花香高雅芳香，属清甜香韵，具有似玫瑰的蜜甜与丁香的辛甜，又有似梅花和茉莉的清香。其香气可归为两类：一类为白花香石竹，是清甜韵中偏清者；另一类为粉红花香石竹，是清甜双韵并重。香石竹香精可广泛用于许多产品的加香，尤其是需要带有辛香香韵者，其香韵可以与玫瑰、檀香、依兰等香韵和合。

（2）选香料：香石竹是带辛香的清甜花香，其清香可用茉莉（或梅花）中的“清”为代表，其甜可用丁香、肉桂的辛甜与野蔷薇花的清甜辛甜为代表。为此香石竹香精处方的用料，可按下述品种选用。

①主香剂：丁香酚、异丁香酚、丁香酚甲醚、异丁香酚甲醚、苯乙醇、橙花醇、芳樟醇、茉莉酮、桂醇、乙酸桂酯、丁香花蕾油、丁香罗勒油等。

②和合剂：乙酸苄酯、甲酸香叶酯、乙酸玫瑰酯、二氢茉莉酮酸甲酯、松油醇、玫瑰醇、香叶醇、紫罗兰酮、羟基香茅醛、依兰油、香叶油等。

③修饰剂：洋茉莉醛、癸醛、兔耳草醛、铃兰醛、新铃兰醛、大茴香醛、乙酸苯乙酯、对苯二酚二甲醚、广藿香油、香紫苏油、肉豆蔻油等。

④定香剂：异丁香酚苄醚、乙酰基异丁香酚、桂酸桂酯、苯甲酸苄酯、水杨酸苄酯、吐鲁香树脂、安息香香树脂、赖百当浸膏等。

⑤增加天然感的香料：香石竹浸膏或净油、红玫瑰油、野蔷薇油、晚香玉浸膏或净油等。

（九）燕衣草（Lavender）香精

（1）论香气：作为香料的薰衣草属植物有三种：薰衣草、杂薰衣草（Lavandin）和穗薰衣草（Spike Lavender），三者均属清韵花香，都有新鲜清爽透发之感。薰衣草是清香中带甜的花香；杂薰衣草也是清香中带甜，但花香少，而桉叶素及乙酸龙脑酯等的青滋气稍显；穗薰衣草则是清香带凉气，其中龙脑、樟脑及桉叶素等的青滋凉气较显，而无甜气。薰衣草的酯香（主要是指乙酸芳樟酯及乙酸薰衣草酯）较强，杂薰衣草次之，而穗薰衣草则甚少。

（2）选香料：如上所述，三种薰衣草的香气是相似的，其基本区别在于其中某些主要成分的相对含量不同，因此三者在原料选用上应有区别。

①主香剂：乙酸芳樟酯、乙酸薰衣草酯、芳樟醇、橙花醇、香叶醇、桉叶素、龙脑、乙酸龙脑酯、莰烯、樟脑、芳樟醚等。

②和合剂：甲酸芳樟酯、丙酸芳樟酯、甲酸香叶酯、松油醇、乙酸松油酯、罗勒烯、丁香酚、迷迭香油、玫瑰木油、芳樟油、玳玳叶油、橙叶油等。

③修饰剂：甲基紫罗兰酮、苯乙酮、乙酸香茅酯、乙酸三环癸烯酯、辛炔羧酸甲酯、茉莉酯、乙酸柏木酯、香茅醇、二氢月桂烯醇、松针油、香柠檬油等。

④定香剂：香豆素、橡苔浸膏、苏合香香树脂、赖百当浸膏等。

⑤增加天然感的香料：薰衣草油、杂薰衣草油、穗薰衣草油等。

（十）桂花（Osmanthus）香精

（1）论香气：桂花亦称木樨，其花香属幽清香韵。国内用于提取浸膏的品种主要是金桂和银桂。

（2）选香料：桂花香精配方选料如下。

①主香剂：甲基紫罗兰酮、异甲基紫罗兰酮、紫罗兰酮、鸢尾酮、香叶醇、橙花醇、芳樟醇、松油醇、康酿克油、鸢尾凝脂等。

②和合剂：苯乙醇、桂醇、苄醇、玫瑰醇、香茅醇、乙酸叶醇酯、乙酸苄酯、

邻氨基苯甲酸甲酯、庚酸乙酯、乙酸芳樟酯、白兰叶油、苦橙叶油等。

③修饰剂：α- 戊基桂醛、羟基香茅醛、铃兰醛、苯乙醛、苯乙二甲缩醛、洋茉莉醛、二氢茉莉酮酸甲酯、异丁香酚、橡苔浸膏等。

④定香剂：苏合香香树脂、吐鲁香膏、合成檀香等。

⑤增加天然感的香料：桂花浸膏和净油、小花茉莉浸膏和净油、依兰油等。

（十一）紫罗兰（Violet）花香精

（1）论香气：紫罗兰的香气在日用香精中应用很广，它以独特细致的甜清幽香受到人们的普遍欢迎。紫罗兰的花和叶可分别提取香料，紫罗兰叶属非花香中的青滋香韵；而紫罗兰花则是幽清花香香韵。用于提取香料的紫罗兰花主要有两种：一种是 Parma 型，亦称重瓣花型，香气幽清中甜气较甚；另一种是 Victoria 型，亦称单瓣花型，香气清幽中青气较多。

（2）选香料：紫罗兰花香精的选料如下。

①主香剂：紫罗兰酮、甲基紫罗兰酮、异甲基紫罗兰酮、香叶醇、玫瑰醇、叶醇、芳樟醇、大茴香醇、洋茉莉醛、紫罗兰叶浸膏或净油等。

②和合剂：丁香酚、异丁香酚、乙酸苄酯、乙酸芳樟酯、苯乙醇、苄醇、松油醇、金合欢醇、丁香油、香柠檬油、橡苔净油、岩兰草油等。

③修饰剂：铃兰醛、新铃兰醛、羟基香茅醛、苯乙醛、柠檬醛、兔耳草醛、十二醛、甲基壬基乙醛、乙酸苯乙酯、乙酸桂酯、乙酸柏木酯、柠檬油等。

④定香剂：鸢尾凝脂、赖百当浸膏、苏合香香树脂、安息香香树脂等。

⑤增加天然感的香料：紫罗兰花浸膏或净油、桂花净油、依兰油等。

（十二）橙花（Neroli）香精

（1）论香气：橙花有苦橙花与甜橙花之别，香气以苦橙花为好。橙花花香属鲜香韵，有些似茉莉花香，香气新鲜、飘逸、强烈。橙花香气在日用香精中应用很广，仅次于玫瑰、茉莉与依兰，特别在古龙型、花露水型香精中，它是主要香气之一。我国的玳玳花香气与苦橙花相仿。

（2）选香料：橙花的鲜韵中，亦有一些甜香和一定的浊香，但清香较显。橙花香精配方选料如下。

①主香剂：芳樟醇、乙酸芳樟酯、橙花醇、松油醇、邻氨基苯甲酸酯、N-甲基邻氨基苯甲酸甲酯、二氢茉莉酮、苦橙叶油、玳玳叶油、白兰叶油等。

②和合剂：吲哚、苯乙醇、四氢香叶醇、壬醇、癸醇、二氢茉莉酮酸甲酯、

乙酸香叶酯、乙酸橙花酯、α- 戊基桂醛、铃兰醛、羟基香茅醛等。

③修饰剂：紫罗兰酮、甲基紫罗兰酮、柠檬醛、壬醛、癸醛、兔耳草醛、洋茉莉醛、乙酸节酯、丁香酚、甜橙油、香柠檬油、依兰油等。

④定香剂：苄醇、茉莉素、橙花素、苯甲酸异丁酯、β- 萘甲醚等。

⑤增加天然感的香料：苦橙花油或浸膏、玳玳花油或浸膏等。

二、非花香型香精

非花香可以分为十二个香韵，即青滋香、草香、木香、蜜甜香、脂蜡香、膏香、琥珀香、动物香、辛香、豆香、果香和酒香。在非花香香精中，往往是由一种或一种以上的非花香香韵和一种或一种以上的花香香韵所组成，只是非花香香韵处于主导地位。

非花香型香精可以分为模仿型和创香型两大类。模仿型非花香香精是仿照某一种天然香料香气调配而成，例如，麝香、龙涎香、檀香、鸢尾、香叶、薄荷、柠檬等。创香型非花香香精是调香师创拟的产物，创拟出的香型既要适应加香产品的特点，也要使消费者喜爱，因此难度更大一些。这类香型包括素心兰型、馥奇型、古龙型、东方型、龙涎—琥珀型、麝香—玫瑰型。

（一）素心兰（Chypre）型香精

（1）论香气：素心兰型是有悠久历史的经典香型之一。最初，是产于塞浦路斯地区的一种香水，由于香气深受人们喜爱，至今仍是重要香型之一。素心兰属于重香型，主要以花香、苔青香、琥珀香、动物香和木香为主，香气浓厚、持久、幽雅而华贵。如今素心兰型从经典格调上又衍变出许多分支，如醛香素心兰、果香素心兰、青香素心兰、木香素心兰、花香素心兰和男用素心兰等。每年世界上推出的新香水中有不少属于素心兰香型。

（2）选香料：素心兰型香精在处方选料上范围是较广泛的。

①主香剂：橡苔浸膏或净油、岩蔷薇浸膏或净油、树苔浸膏或净油、广藿香油、檀香油、岩兰草油、柏木油、香柠檬油、檀香醇、乙酸岩兰草酯等。

②和合剂：芳樟醇、乙酸芳樟酯、苯乙醇、乙酸三环癸烯酯、麝香 105、酮麝香、二氢茉莉酮酸甲酯、紫罗兰酮、甲基紫罗兰酮、洋茉莉醛、香豆素、香紫苏油、薰衣草油、鸢尾凝脂等。

③修饰剂：癸醛、十二醛、甲基壬乙醛、香兰素、铃兰醛、新铃兰醛、丁香

酚、异丁香酚、水杨酸异戊酯、桃醛、草莓醛、乙酸苄酯、乙酸香茅酯、香叶醇、柠檬油、苦橙叶油、吲哚、邻氨基苯甲酸甲酯等。

④定香剂：安息香香树脂、苏合香香树脂、麝香酊、龙涎香酊、灵猫香膏等。

⑤花香香料：大花茉莉净油、依兰油、玫瑰油、苦橙花油、桅子花净油等。

（二）香薇（Fern）或馥奇（Fougere）型香精

（1）论香气：香薇（Fern）俗称羊齿，属于蕨类（Pteridphyta），许多香薇植物只有弱的青滋及壤香香气。所谓香薇或馥奇香型是法国调香师 Paul Parguet 于 1882 年创拟出来的，以薰衣草、清滋香和豆香为主，辅助以木香、动物香、琥珀香、果香和花香，形成了香气强烈、别致、特征性强的重香型非花香。

（2）选香料：同素心兰香气相仿，馥奇的格调变化较多，因此选料相当广泛。

①主香剂：橡苔浸膏或净油、树苔浸膏或净油、香薇浸膏、黑香豆浸膏、薰衣草油、杂薰衣草油、穗薰衣草油、香柠檬油、香豆素等。

②和合剂：香兰素、洋茉莉醛、芳樟醇、叶醇、乙酸芳樟酯、乙酸松油酯、乙酸柏木酯、赖百当浸膏、广藿香油、香紫苏油、香叶油、橙叶油、香根油等。

③修饰剂：乙酸香叶酯、乙酸苄酯、乙酸香茅酯、苯甲酸甲酯、苯甲酸乙酯、水杨酸异戊酯、甲酸香叶酯、紫罗兰酮、甲基紫罗兰酮、十一醛、丁香酚、柠檬油、甜橙油、山苍籽油等。

④定香剂：安息香香树脂、苏合香香树脂、秘鲁香膏、吐鲁香膏、合成麝香、降龙涎香醚等。

⑤花香香料：树兰油、茉莉浸膏或净油、橙花浸膏或净油、依兰油等。

（三）古龙（Eau de Cologne）型香精

（1）论香气：古龙香型由来已久，最早以橙花油、柠檬油、香柠檬油、迷迭香油配制而成。古龙香型是以柑橘类的清甜新鲜果香气和橙花的花香为主，辅以草香、花香和木香等香气，香气清强、透发、明快，深受大众喜爱。近百年来在处方上有不少衍变，在传统的配方中增用了辛香、豆香、琥珀香、动物香等香料。

（2）选香料：古龙型香精配方中用料面也较广。此外，对一些含萜烯类成分较多的精油特别是柑橘类的叶和果皮的精油宜多用除萜精油；浸膏中含蜡质成分较多的品种最好使用净油，以提高香精在乙醇水溶液中的溶解度。

①主香剂：香柠檬油、柠檬油、甜橙油、橙花油、橙叶油、乙酸芳樟酯等。

②和合剂：迷迭香油、薰衣草油、香紫苏油、白兰叶油、柠檬醛、柑青醛、

橙花醇、二氢月桂烯醇、芳樟醇、乙酸香叶酯、邻氨基苯甲酸甲酯等。

③修饰剂：丁香油、芹菜籽油、橡苔净油、丁香酚、异丁香酚、洋茉莉醛、苯乙醛、羟基香茅醛、兔耳草醛、香豆素、乙酸节酯、合成麝香、橙花素、紫罗兰酮、甲基紫罗兰酮等。

④定香剂：鸢尾浸膏、吐鲁香膏、安息香香树脂、桂酸苄酯等。

⑤花香香料：茉莉净油、玫瑰油、依兰油、含羞花净油等。

（四）东方香型（Oriental）香精

（1）论香气：东方香型是调香师创拟的非花香型之一，反映了东方民族在宗教或祭祀活动时，燃薰具有木香、膏香、琥珀香的物质所散发出的庄严文雅、温暖浓甜的香气韵调。这种香型不仅迎合东方民族的爱好，也曾在西方国家流行，从而逐渐形成一种传统性香型。经典的东方香型香气组成，主要是木香与膏香，其次是浓厚的蜜甜香与动物香，其间嵌以花香。气势浓强有力，香气持久，稳定性极好。

（2）选香料：东方香型香精香气要求浓强、持久而稳定，所以在选择香料品种及其使用量上都要与这些要求相适应。

①主香剂：檀香油、岩兰草油、广藿香油、乙酸岩兰草酯、赖百当浸膏、秘鲁香膏、安息香香树脂、合成檀香等。

②和合剂：香紫苏油、苏合香香树脂、吐鲁香膏、香兰素、羟基香茅醛、丁香酚、异丁香酚、合成麝香、香茅醇、香叶醇、桂酸乙酯等。

③修饰剂：香豆素、椰子醛、桃醛、己酸烯丙酯、苯乙醇、苯乙酸、铃兰醛、香叶油、壬醛、十一醛、女贞醛、风信子素、乙酸芳樟酯、大茴香醛等。

④定香剂：桂酸桂酯、苯乙酸苯乙酯、鸢尾凝脂、乳香香树脂、降龙涎香醚、灵猫香膏等。

⑤花香香料：玫瑰油、茉莉浸膏或净油、风信子净油、树兰油等。

（五）醛香（Aldehydic）型香精

（1）论香气：醛香型的首创人是法国调香师 Ernest Beaux，他于 1921 年创拟了 Chanel N° 5 香水，风行极盛。其后由于仿效或类似的香型香精日见增多，从而逐渐成为日用调香术中的一种现代化的流行性香型。它的香气特点是以醛香、膏香、木香、琥珀香、动物香、花香构成的特征香型，而醛香则贯穿于头香、体香与基香之中。这种处方方法与以往将脂肪族醛类香气仅用来作为点缀香精的头香是不同的。后来，醛香型香精也有所衍变，在传统的配方中增用蜜甜香、青滋香、果香等香料。

（2）选香料：醛香型香精的选料如下。

①主香剂：辛醛、壬醛、癸醛、十一醛、十二醛、甲基壬乙醛、乳香香树脂、赖百当浸膏、降龙涎香醚、麝香酊、香荚兰豆酊、合成麝香、灵猫香膏等。

②和合剂：辛醇、壬醇、癸醇、十一醇、十二醇、柏木油、合成檀香、香根油、香豆素、洋茉莉醛、甲基紫罗兰酮、铃兰醛、新铃兰醛、香茅醇、二氢茉莉酮酸甲酯等。

③修饰剂：丁香酚、异丁香酚苄醚、羟基香茅醛、橡苔浸膏、叶醇、薰衣草油、柠檬油、己酸烯丙酯、乙酸异戊酯、桃醛、香兰素、风信子素等。

④定香剂：鸢尾浸膏、苏合香香树脂、安息香香树脂、龙涎香配等。

⑤花香香料：玫瑰油、茉莉浸膏或净油、依兰油、树兰油等。

（六）花露（Florida Water）型香精

（1）论香气：花露型可认为是由古龙型衍变而独立存在的一种流行性香型，它起源于美国。它的香气特征是具有新鲜爽快、令人清醒的感觉。正规的花露型是以青滋香、果香与辛香三种非花香韵为主，辅以清、甜花香韵，并以少量动物香为基香所组成。现今花露型香气的衍变程度较大，有的在花香韵上有变化，有的则增加动物香的用量，并兼用琥珀香。

（2）选香料：下面是花露型香精中常用的香料品种。

①主香剂：香柠檬油、薰衣草油、杂薰衣草油、甜橙油、柠檬油、肉桂油、丁香油、乙酸芳樟酯、乙酸松油酯、芳樟醇、橙花醇、丁香酚、肉桂醛等。

②和合剂：除萜橙叶油、除萜玳玳叶油、香紫苏油、香叶油、芫荽籽油、松油醇、二氢月桂烯醇、乙酸香茅酯、紫罗兰酮、甲基紫罗兰酮等。

③修饰剂：迷迭香油、广藿香油、岩兰草油、檀香油、鸢尾浸膏、芹菜籽油、橡苔净油、薄荷油、香兰素、香豆素、异丁香酚、异丁香酚苄醚等。

④定香剂：灵猫香酊、龙涎香酊、麝香酊、海狸香酊、安息香香树脂、苏合香香树脂、合成麝香、降龙涎香醚等。

⑤花香香料：橙花油、玫瑰油、大花茉莉净油、依兰油、铃兰净油、洋甘菊净油等。

第四节 食用香精的调配与应用

一、食用香精与日用香精的区别

（一）生理上和功能上的区别

日用香精的香气只通过人们的鼻腔嗅感到，而食用香精除了鼻子能嗅感到外，还包括从口腔进入鼻腔的嗅感，以及香精对食品的味感和其他一些感觉所产生的影响。具体表现在以下几个方面：

（1）食用香精以再现食品的香气或风味为根本目的。因为人类对食品具有本能的警惕性，对未体验过的全新的香气或风味常常拒绝食用。而日用香精则可以具有独特的幻想型香气，并为人们所接受。

（2）食用香精必须考虑食品味感上的调和，很苦的或很酸涩的香精不能用于食品。而日用香精一般不用考虑味感的影响。

（3）人类对食用香精的感觉比日用香精灵敏得多。这是因为食用香精可以通过鼻腔、口腔等不同途径产生嗅感或味感。

（4）食用香精与色泽、想象力等有着更为密切的联系。例如，在使用水果类食品香精时，若不具备接近于天然水果的颜色，就连香气也容易引起人们认为是其他物质的错觉，使其效果大为降低。

（二）选料上的区别

食用香精都必须是食用安全级的。与日用香精相比，食用香精所需香料品种较少，但在选料上有以下几个特殊性。

（1）增加了几十种挥发性较高的化合物，蒸气压为0.133～110.64kPa（1～830mmHg）。由于挥发度高，它们不应用于日用香精中；而这些有特征风味的微量香料在食用香精的头香中起着重要作用，如表5-2所示。

表5-2 特殊的食用香料

风味	举例	风味	举例
白脱	丁二酮、丁酸	马蹄	二甲硫醇
咖啡	糠硫醇	蘑菇	蘑菇醇
酒香	糠醇、糠醛	—	—

（2）一些果香的中等挥发程度的特征性香气的香料，在食用香精的体香中起着重要作用。几乎所有的水果都有其特征的关键香料。例如，草莓的特征性香料有草莓酸（2-甲基-2-戊烯酸）和草莓醛。

（3）纯正的水果浸取物起着平衡、和谐的作用，可给予天然感。常见的水果，如草莓、甜橙、柠檬、苹果、桃等的原汁。

（4）增加了一些天然香料的配剂、油树脂等制品，例如，葫芦巴酊、黑胡椒酊、姜油、茴香油、辣椒油树脂、胡椒油树脂等。这些是在日化香料中很少使用的特殊风味物质。

二、食用香精的调配

（一）水果香型香精

自然界存在很多种类的水果，并遍布世界各地。人们对于水果的偏爱不只是因为营养健康，还因为其令人喜爱的香味。市场上的饼干、糕点、糖果、饮料、冰淇淋、奶制品等多数是水果香味的，水果香味在食品香味中占有重要的地位。

水果香型香精，一般指调香师用各种可食用的香料人为调配的各种水果香味的香精。目前，在食品工业常用的水果香型香精包括：柑橘类水果（甜橙、柠檬等）香精、草莓香精、苹果香精、香蕉香精、菠萝香精、覆盆子香精等。下面就以草莓香精为例，介绍其调配过程。

（1）论香气：草莓是浆果、心脏形、深红色，为蔷薇科、草莓属多年生草本植物，既可生食，也可加工成果汁、果酱。草莓香味受到世界各国人民的喜爱，草莓香精一直被用于糖果、饮料工业中。草莓有许多品种，不同品种的草莓中所含香成分的种类及含量都会有差别。目前从草莓中已检测出约400种挥发性成分，从而为草莓香精的调配提供了有利的依据。

一般认为反-2-己烯醇、反-2-己烯醛、乙酸反-2-己烯酯、丁酸甲酯、丁酸乙酯、己酸甲酯、己酸乙酯、2，5-二甲基-4-羟基-3（2H）-呋喃酮、2，5-二甲基-4-甲氧基-3（2H）-呋喃酮、芳樟醇、苯甲醛、水杨酸甲酯、己醛、γ-辛内酯、香兰素、邻氨基苯甲酸甲酯，γ-癸内酯、桃金娘烯醇、乙酸香芹酯、丁香酚、2-庚酮、2-壬酮、2-甲基丁酸等为草莓香味的重要挥发性香成分。其中，2，5-二甲基-4-羟基-3（2H）-呋喃酮和2，5-二甲基-4-甲氧基-3（2H）-呋喃酮是构成草莓复杂香味的基本成分，这两个化合物与具有新鲜、果香、酯香香味特征的已酸乙酯化合物一起构成草莓的成熟果香、焦糖香、煮熟香香味特征；反 –2– 已烯醛与乙酸反 –2– 已烯酯构成了草莓的新鲜青香香味特征；2–甲基丁酸使得草莓具有清凉的水果酸味；γ– 癸内酯可增强草莓的过熟味道；芳樟醇使得草莓具有水果香—花香香味特征；而邻氨基苯甲酸甲酯是野生草莓特有的香成分。可见，草莓的香味特征是焦甜、带酸和青气的果香，其香气分路可定为：青香韵，15% ～ 40%；甜香韵，1% ～ 5%；酸香韵，3% ～ 15%；果香韵，10% ～ 50%。

（2）选香料：随着合成香料的不断发展，可供调配草莓香精时选用的品种也随之增多，草莓香精中常用的香料包括如下种类。

①醇类：丁醇、异丁醇、戊醇、异戊醇、反 –2– 已烯醇、叶醇、辛醇、松油醇、芳樟醇、橙花醇、香茅醇、香叶醇、节醇、苯乙醇等。

②醛类：已醛、反 –2– 已烯醛、苯甲醛、胡椒醛等。

③酮类：丁二酮、2– 戊酮、2– 庚酮、2– 壬酮、2，5– 二甲基 –4– 甲氧基 –3（2H）– 呋喃酮、2，5– 二甲基 –4– 羟轻基 –3–（2H）– 吠喃酮、紫罗兰酮、甲基萘基酮等。

④酸类：乙酸、丁酸、异丁酸、2– 甲基戊酸、草莓酸、苯甲酸、肉桂酸等。

⑤酯类：甲酸乙酯、乙酸乙酯、乙酸丁酯、乙酸异戊酯、乙酸已酯、乙酸 – 反 –2– 已烯酯、乙酸叶醇酯、乙酸节酯、丙酸乙酯、丁酸乙酯、丁酸丁酯、丁酸戊酯、丁酸已酯、丁酸叶醇酯、丁酸香叶酯、丁酸节酯、异丁酸丁酯、异丁酸肉桂酯、戊酸乙酯、异戊酸乙酯、已酸乙酯、已酸烯丙酯、已酸已酯、庚酸乙酯、辛酸乙酯、乙酰乙酸乙酯、辛炔羧酸甲酯、丁二酸二乙酯、乳酸乙酯、苯甲酸甲酯、苯甲酸乙酯、苯乙酸丁酯、水杨酸甲酯、邻氨基苯甲酸甲酯、桂酸甲酯、桂酸乙酯、杨梅酯（3– 苯基缩水甘油酸乙酯）、草莓醛（3– 甲基 –3– 苯基缩水甘油酸乙酯）等。

⑥内酯类：γ– 丁内酯、γ– 已内酯、δ– 已内酯、γ– 庚内酯、γ– 辛内酯、δ–辛内酯、γ– 壬内酯、γ– 癸内酯、δ– 癸内酯、γ– 十一内酯、γ– 十二内酯等。

⑦天然精油：柠檬油、橙花油、玫瑰油、茉莉净油、鸢尾凝脂等。

⑧其他原料：麦芽酚、乙基麦芽酚、丁香酚、香兰素、乙基香兰素、朗姆醚、大茴香脑、草莓果汁或提取物等。

草莓的香气由青、甜、酸、果四种香韵组成，而以青香韵、果香韵为主。传统调配草莓香精一般都以具有近似草莓香味的草莓醛和草莓酯为主香剂；以庚炔羧酸甲酯、乙酰乙酸乙酯、乙酸苄酯、茉莉净油、紫罗兰叶净油等赋予其青香韵；

以肉桂酸甲酯、肉桂酸乙酯、玫瑰醇、苯乙醇、香叶油、玫瑰花油、α-紫罗兰酮、β-紫罗兰酮、鸢尾凝脂、麦芽酚、乙基麦芽酚、香兰素等构成其甜韵；酸韵则由乙酸、丁酸、异丁酸等构成；此外，再饰以具有果香的酯类香料。

（二）香草香精

（1）论香气：香草香精又称香子兰香精、香荚兰香精，广泛用于饼干、糖果、冰棒、雪糕、冰淇淋等食品的加香。香荚兰又称香草兰、香子兰，是兰科植物中最有实用价值的一种香料植物，其成品果荚在加工一年左右表面会出现白色结晶，其主要成分为香兰素，又称香草醛或香草精，含量为1.5%～7.1%。其他芳香成分有200多种，主要包括：α-蒎烯、β-蒎烯、柠檬烯、月桂烯、2，3-丁二醇、2-甲基-2-丁醇、辛醇、癸醇、香兰醇、大茴香醇、苯甲醇、苯乙醇、对甲氧基苯乙醇、芳樟醇、橙花醇、香叶醇、香茅醇、3-甲氧基苯酚、2-甲氧基-4-甲基苯酚、香兰基甲醚、香兰基乙醚、苯甲醛、大茴香醛、3-羟基-2-丁酮、2-辛酮、2-壬酮、2-癸酮、乙酸、香兰酸、大茴香酸、肉桂酸、乙酸正戊酯、乙酸正己酯、乙酸苄酯、乙酸大茴香酯、2-甲基丁酸乙酯、戊酸丁酯、戊酸异丁酯、苯甲酸节酯、香兰酸甲酯、噻吩、2-乙酰基吡咯、糠醇、2-羟基-5-甲基呋喃、2-羟乙基-5-甲基呋喃、糠醛、5-甲基糠醛、5-经甲基糠醛、2-乙酰基呋喃等。

香草香精的香气分路可定为：香草香韵，80%～90%；豆香韵，5%～10%；牛奶香韵，5%～10%；白脱香韵，1%～3%。

（2）选香料：香草香精的特征性香料是香兰素和乙基香兰素，其他常用的香料包括如下种类。

①醛类：洋茉莉醛、大茴香醛、苯甲醛、肉桂醛、胡椒醛和黎芦醛等。

②醇类：大茴香醇、苄醇等。

③内酯类：γ-己内酯、γ-辛内酯、δ-癸内酯、δ-十一内酯和δ-十二内酯等。

④酯类：乙酸戊酯、丁酸戊酯、乙酸茴香酯、乙酸苯乙酯、乙酸桂酯、苯甲酸甲酯、苯甲酸乙酯、水杨酸甲酯、肉桂酸甲酯和肉桂酸乙酯等。

⑤酮类：丁二酮、苯乙酮、二苯甲酮等。

⑥酚类：丁香酚、异丁香酚等。

⑦其他原料：浓馥香兰素、大茴香脑、异丁香酚甲醚、苯乙酸、麦芽酚、香荚兰豆酊、浸膏和油树脂等。

（三）肉味香精

（1）论香气：生肉几乎没有香味，经过炒、炸、煎、烤、煮、炖等热加工后才产生了各种诱人的香味，而煮熟、炸熟和烤熟等烹熟的肉，香味又有区别。这是由于在热加工过程中肉中的微量香味前体物质之间发生了一系列复杂的化学反应，产生了成百上千的香味物质，正是这些香味物质决定了肉的香味特征。肉中的香味前体物质是形成肉香味的根本原因，加热是产生肉香味的外部条件。

（2）选香料：肉中的肉香味前体物质可以是肉自身含有的，也可以是外加的，主要包括两大类：一类是氨基酸、肽、核苷酸、硫胺素和还原糖，它们通过热反应产生基本肉香味（Basic Meat Flavor）物质，主要是硫化物和杂环化合物；另一类是甘油三酯、磷脂和脂肪酸，它们通过热降解产生特征肉香味物质，主要是醇、醛、酮和内酯类化合物。这些香味物质都是低分子量的有机化合物，在对各种肉类制品的香味分析中已经发现了1100多种香味物质，其中牛肉中发现得最多，有900多种。

（3）配方示例：肉味香精是具有肉香味特征的多种香味物质的混合物，其主要作用是给相应的食品提供肉香味。肉味香精主要是牛肉、猪肉和鸡肉香精。目前，我国肉味香精配方大致有如下三种组成方式：

①第一种：是由多种香料，包括辛香料、天然香料和合成香料调配而成。完全通过调香的方法来制备肉味香精是很困难的，由于所用香料品种的限制，调配出来的肉味香精香味单薄、口感较差。

②第二种：是以水解动植物蛋白为基料，再与其他香料，如辛香料、天然香料和合成香料调配而成。但是，以水解动植物蛋白基料和调香相结合的方法生产肉味香精，其像真度也不理想。

③第三种：是以水解动植物蛋白热反应产物为基料，再与其他香料，如辛香料、天然香料和合成香料调配而成。

对肉味香精而言，以肉为基本原料，通过酶解技术将肉蛋白分解为氨基酸和肽，再与还原糖等物质发生热反应来制备是一种较好的方法，所得到的产品一般称为热反应肉味香精。

热反应肉味香精是热反应香精（Process Flavor或Reaction Flavor）的一种。热反应香精是一类新型食用香精，它是由两种或两种以上的香味前体物质（还原糖与氨基酸等）在一定条件下加热反应产生的。其他香料一般在反应后加入。

热反应又称为非酶褐变反应或Maillard反应。1912年，法国化学家Louis Maillard发现甘氨酸和葡萄糖一起加热时，形成颜色褐变反应的类黑精

（Melanoidins）。经后来的研究发现，这类反应不但影响食品的颜色，而且对食品香味的形成影响极大。热反应的种类是多种多样的，其机理非常复杂，但基本类型是氨基酸与还原糖的加热反应。研究表明，氨基酸与各种 c 基化合物之间的热反应是构成各种热加工食品香味的主要来源。但是，在实际应用中，反应配料是可以有许多变化的，除了氨基酸和还原糖，其他如维生素、脂肪、肽、蛋白剂等都可以参与反应。

热反应技术可用于肉味、海鲜味、咖啡味、奶油味、烟草味等食用香精的制备。用于制造肉味香精的热反应一般控制在 100℃至回流温度下进行，最高不超过 180℃，时间一般为几十分钟至几小时，温度越高，反应时间一般越短。目前国内外大部分肉味香精的生产中都使用了热反应技术。

上述混合物在 100℃加热 2h，即得猪肉香精。

用热反应法生产的肉味香精香味纯正，但强度往往不足，需要添加适当的香料进行强化。可用于肉味香精配方的香料品种数以百计，其中含硫化合物是关键原料，它们的香味强烈、使用少量就会显出肉味特征；再添加一定量的氮杂环化合物，如吡嗪类、氧杂环化合物的呋喃类，以及含氧的醛、酮类化合物，进行协调才能形成完美的肉香味，并且变换品种或用量可得到不同特色的肉味。在用热反应法生产肉味香精时，合成香料一般在热反应后加入。

第五节　香精及其原材料的质量安全控制

质量控制在香精工业中是一项非常重要的活动。人们希望香精公司能够向客户提供稳定的、高质量的产品。另外，香精也必须满足有关法规对配料及其品质方面的严格限制以及出于种种原因，客户对配料所提出的种种限制。

香精工业中的质量控制包括四个方面：物理化学分析，以生物技术为基础的分析，微生物学分析（如果有关的话）和感官分析。所有原料和中间产品在投人使用之前和所有成品香精在送往客户之前，都要进行全面的分析。通常有 2000 多种原料被用来制造大约 10000 种不同的香精。因而，香精质量控制的复杂性要大于多数其它食品产业。

所有原料的技术要求和分析方法都必须在原料的首次接收时就开发出来，以确保后续供货的一致性。中间产品和成品的质量控制仍是非常复杂的。所有产品都很独特，需要逐个个别地加以关注。在原料和中间产品被发放投人成品生产之前，要首先获得有关检验的满意结果。同样地，所有成品香精在送往客户手中之前，必须通过技术检验。由于有大量的信息需要存储，香精工业已逐渐地求助于计算机技术。

香精工业中质量控制的主要目标是测验：

类别（有可能从供应商那里收到错误的原料；有可能生产出错误的产品）；

纯度（原料或产品中或许会存在不受欢迎的杂质）；

污染（如，重金属，杀虫剂，霉菌毒素和微生物）；

掺杂（原料或许会被掺杂）；

受限组分（某些组分是受法规限制的）；

腐败（老化或储藏不当或许会使原料或产品的质量劣变）

真实性（标明“纯天然”的原料或许是合成的或原料的实际产地跟标明的产地不符）。

第六章　现代新技术在香精香料制备中的应用

近几年来，生物技术、微胶囊化技术、超临界CO_2流体萃取技术、数据库技术等在香料工业中的应用越来越广泛。这些新技术的应用，给古老的香料工业注入了新的生机和活力，在某些方面甚至带来了革命性的变化。如以天然动植物为原料采用酶解、发酵等技术生产的香料和香精属于天然品，适应了当今世界崇尚自然、回归自然的潮流，在国际市场上备受欢迎；将微波技术应用于某些香料合成，可使反应时间大大缩短；将超临界流体萃取技术用于天然香料提取，可使提取效率和产品质量大大提高。

第一节　生物技术及其应用

一、生物技术的概念

生物技术（biotechnology）也称生物工艺学或生物工程学，是指用生物有机体（从微生物至高等动物、植物）或其组成部分（包括器官、组织、细胞或细胞器等）为材料，运用现代生物科学、工程学和其他基础学科的知识，按照预先的设计，对生物进行控制、改造或模拟，用来开发新产品或新工艺的技术体系。传统的生物技术可以追溯到4000多年前的酿造技术。我们的祖先是最早懂得制酱、酿酒和造酯技术的，这便是发酵工程的雏形。直到上世纪法国微生物学家巴斯德（Pasteur）揭示了发酵原理，才为发酵技术的发展提供了理论基础。

现代生物技术是近40多年来在分子生物学和细胞生物学基础上发展起来的一个新兴技术领域。由于基因重组、动植物细胞大规模培养和固定化酶等技术的出现，人们运用生命科学的新成就，定向设计组建具有特定性状的新物种或新品系，以及依据发酵工程原理加工生物材料，在农业、食品、化工、医药、环境保护等领域为社会提供商品和服务，从而形成了现代生物技术。

一般认为，生物技术包括基因工程、细胞工程、酶工程和发酵工程四个部分。

发展生物技术的意义为：

（1）生物技术的发展，特别是基因重组技术的成功，使人类进入按自己的需要人工创建新生物的时代。

（2）生物技术是当今世界高新技术之一，将是下一代新兴产业的基础技术，而今后 10 ～ 20 年的时间里，是建立和发展这一新产业的重要时期。

（3）生物技术是现实的生产力，同时又是更大的潜在生产力。它将对生产技术的革新和人类社会的发展产生极其深远的影响。

（4）从生物技术研究、开发的前景看，它将为解决世界面临的能源、粮食、人口、资源及污染等严重问题开辟新的途径，直接关系到医药卫生、轻工食品、农牧渔业以及能源、化工、冶金等传统产业的改造和新兴产业的形成。

二、生物技术在香精香料的应用

天然香料不断增加的市场需求，促进了香精香料生产技术的迅速发展。人们在广泛追求自然的同时就必然会与天然香料来源的有限性产生矛盾，生物技术作为近二十年发展起来的一项极富潜力和发展空间的新兴技术，它的出现为天然香料的开发开辟了一个全新的方向。生物技术法是利用包括诸如酶工程、发酵工程、植物细胞工程、基因工程等手段，将天然原料转化为人们所期望获得的各类香料物质的一种新途径。它的主要优势在于，酶或微生物进行催化反应的专一性强，特别是立体选择性很高，而且生产过程中反应条件温和、节能，对环境友好。采用生物技术生产的香料，已被欧洲和美国的相关法律界定为“天然”的产品，因此可视为“等同天然香料”，具有良好的市场价值。

（一）酶工程

生物技术在香料开发中影响最大的就是酶工程和发酵工程。酶工程是指在一定的生物反应器内，利用酶的催化作用生产各种有价值物质的技术。目前，已有 100 多种化学工业生产利用生物催化反应，实验室规模的酶催化更有 13000 种之多。香料合成中应用较多的是脂肪酶、酯酶、蛋白酶、核酸酶和糖苷酯酶等，而脂肪酶又是其中研究最多、实际应用最广的一类。有报道的酶促反应工艺过程包括：将醇进行酶催化反应得到异丁酸等酸类香料；脂肪酶催化生产醇、酯及其内酯类香料；不饱和的脂肪酸经酶转化成低分子量的醛类与醇类香料，如反 -2-

己烯醛和顺-3-己烯醇的生产等。

（1）在酯合成中的应用：采用酶法合成的酯类香料化合物最为广泛，到目前为止，已有50多种的酯可由酶法合成。芳香酯是调制水果香型等日化和食用香精中常用的香料，在酿酒行业的高需求量尤为突出，仅浓香型白酒用的己酸乙酯在全国的产量就在3000t左右，产值上亿元。

利用米氏毛霉脂肪酶（MML）在正庚烷中催化合成芳香酯，每千克MML每小时可产生288kg己酸乙酯。

（2）酶法制备乳制品香料：因为乳制品（如奶酪、奶油和人造黄油）中的香味化合物是其中的脂肪、蛋白质和乳糖代谢的产物，因此，脂肪酶和蛋白酶被广泛地用于制备乳制品香料，如加快奶酪的熟化和香味物质的产生。用脂肪酶处理过的乳制品比未处理的具有更好的香味和可接受性。

（二）发酵工程

发酵工程是以工农业废料为原料，利用微生物的生长代谢活动来生产各种天然香料的技术。微生物发酵可以产生很多香味物质，如酯类、酸类和碳基化合物等。利用突变技术可以提高微生物生产天然香料物质的能力，采用细胞固定化等技术手段还可以大大提高天然香料的产量。

（1）在香兰素合成中的应用：香兰素是一种用途广泛的香料，主要存在于香荚兰豆中，含量为7%左右，目前国际市场上只有0.2%香兰素是天然的，其余都是化学合成的。受货源限制、高昂的价格以及人们对天然产品依赖性不断增强的驱使，人们开发出大量的香兰素生物合成路径，其相关报道在所有香料化合物生物合成中也最多。一些微生物以阿魏酸、丁香酚、异丁香酚、姜黄素和泰国安息香树脂等化合物为前体，经发酵可获得香兰素，而转化率一般能达到30%左右。

阿魏酸［3-（4-羟基-3-甲氧基）丙烯酸］由于与香兰素的化学相似性，被认为是很有前途的前体物质，该物质大量存在于谷糠、甜菜糖浆等农业废料中，从这些原料中提取纯化阿魏酸，用来发酵生产香兰素，可大大提高谷物与甜菜的综合利用率。当前，已有用谷糠和甜菜糖浆生产天然香兰素的相当成熟的工艺：

①从谷糠和甜菜糖浆中提取纯化阿魏酸。

②通过微生物发酵把阿魏酸转化为香兰素。

③采用超滤分离和去除微生物。

④从发酵液中萃取除去副产物，多次重结晶后得到高纯度的香兰素。

(2)在内酯合成中的应用：在日化及食品工业中，内酯化合物是常用的香料，γ- 内酯和 δ- 内酯通常具有水果香味，而某些大环 ω- 内酯具有麝香香味。工业上采用微生物发酵来生产一些重要的内酯，通常是利用羟基脂肪酸的 β- 氧化生产的。例如，用 Yarrowia lipolvtica 酵母或其他微生物降解天然蓖麻油酸来生产 γ- 癸内酯，起始原料 R- 蓖麻油酸是蓖麻油中的主要脂肪酸，所得的 γ- 癸内酯与 R- 蓖麻油酸的手性中心相同，且具有很高的光学纯度，通常包含 98% 以上的 R—（+）—对映体。德国的 Symrise 公司就有利用生物发酵方法制备的 R 型 γ- 癸内酯出售。一些微生物还能直接利用非羟基脂肪酸作为前体合成内酯。例如，Sporobolamyces odorus 能将癸酸转化成 γ- 癸内酯，Mortierella 属的某些菌种能从辛酸合成 γ- 辛内酯，Mucor 属的某些菌株能从 $C_4 \sim C_{20}$ 的竣酸转化成 γ- 内酯或 δ- 内酯。这无疑为这类内酯的大规模市场化提供了良好的途径。

（三）细胞工程

细胞工程是应用细胞生物学方法，按照人们预定的设计，有计划地保存、改变和创造遗传物质的技术。近年来，细胞工程的开发和应用主要集中在细胞杂交、快速无性繁殖和细胞育种等方面。利用细胞杂交和细胞培养可生产独特的食品香味添加剂。以植物组织培养的技术生产草莓香料为例，首先使用各种香味的草莓来获取一种组织培养，然后将组织培养疏散到一种液体媒质中，从而由细胞产生所需要的草莓香料。利用上述方法提取出的香味物质与植物栽培法相同，极大地提高了植物香料的产量。

（四）基因工程

基因工程，也可称为 DNA 重组技术，是指在分子水平上，通过人工方法将外源基因引入细胞，而获得具有新遗传性状细胞的技术。例如日本山形县工业技术中心采取突变法，将产香能力强的遗传因子导入酵母菌中，经过两年时间培育出了新酵母菌。用这种新酵母菌酿制葡萄酒及一些果酒，可提高酒中乙酸异戊酯等 7 种香气的含量，使酒味香气浓郁。而将柠檬香叶遗传基因转移入天竺属香叶中，经转基因的香叶含香叶醇和香茅醇的量分别上升了 4 倍和 13 倍。可见，基因工程技术的潜力是巨大的。

利用具有生物活性的酶、微生物等生物催化功能生产香料、香精，与合成法相比较具有无可比拟的优点，它不仅带来生产方法的变革，而且所生产出的香料香精产品属于“绿色”范畴，符合当今发展的趋势。与此同时，我们也应该注意几个问题，其一是某些动植物来源的酶提取途径较为复杂以及某些作为起始物的天然原料本身成本较高，这都有可能增加生产成本；其二是利用基因工程技术所获得的香料化合物对其安全性还存在一定的争议，这也有可能影响该技术在香料工业中的发展。但我们相信：随着科技工作者进一步探明动植物体内香料的合成途径以及人类认识水平的提高，生物技术在香料开发中的应用必将越来越广泛。

第二节　微胶囊化技术及其应用

一、微胶囊及其特性

早在20世纪初，人们就设想利用天然高分子材料对微小的液滴进行包覆。直至20世纪50年代初期National Cash Register Company成功地以微胶囊化制成“不需碳粉的复写纸”，且大量生产以来，微胶囊技术迅速发展。目前已广泛应用于食品、轻工、医药、石化、农业、生物技术等领域，许多原来由于技术障碍不能开发的产品，今天通过微胶囊技术得以实现。微胶囊香精是采用微胶囊化技术制备的一种粉体香精。香精香料的微胶囊化从20世纪50年代就开始发展，至今这方面的研究仍然处于方兴未艾之势，每年有大量专利获得批准。目前，这类产品在美国市场上已占食品香料销量的50%之多。

所谓微胶囊化，简单而言即为利用一些可成膜的物质，将核心物质（固体颗粒、液体、溶液或悬浮液）包埋在一微小且封闭的胶囊内的一种技术。这个微小的囊体称为微胶囊，其大小一般在0.5～200μm。其形状以球形为主，还可为米粒状、针状、方状或不规则形状，其内部可能是单核心或多核心的。

对香料进行微胶囊化，主要有以下五个目的。

（1）抑制香精的挥发损失

香精中包含几十种，甚至上百种组分，许多组分挥发性极高，而且各种组分的挥发性差异较大。组分的挥发不仅造成香精的挥发损失，而且由于某血分的挥发损失改变了香精的组成，从而使香精香型失真。通过微胶囊化，香精由于囊壁的密封作用，挥发损失受到抑制，香气保留完整，从而提高了香精储藏和使用的稳定性。

（2）保护敏感成分

微胶囊化可使香精免受外界不良因素，如光、氧气、湿度、温度、pH值的影响，大大提高香精耐氧、耐光、耐热的能力，增强其稳定性。如微胶囊化可避免橘油中的柠檬烯氧化，导致风味的变质。微胶囊化提高了香精的耐热性，从而增加其在糖果、焙烧食品、膨化食品等中的稳定性。

（3）控制释放

微胶囊化可使香精达到控制释放效果，如酸性或碱性释放、高温释放以及缓慢释放等。典型的例子就是口香糖中使用微胶囊化香精，使产品香气持久。

（4）避免香精成分与其他食品成分反应

微胶囊化可将香精中的活性成分隔离保护起来，从而避免与其他食品成分反应。如避免香精中一些不饱和的醛类成分与食品中的蛋白质反应，影响食品的风味和口感。

（5）改变香精常温物理形态

微胶囊化能将常温为液体或半固体的香料香精转变为自由流动的粉末，使其易与其他配料混合，也有利于提高水溶性香精在液体食品中的分散稳定性。

二、微胶囊化香料的应用

（一）在食品工业中的应用

食品工业上使用微胶囊化技术，最主要在于将液体转变为固体，方便使用并起保护作用。主要以香料为主，其余还有各种酸味剂、甜味剂等添加物。如将香辛料与阿拉伯胶、环糊精等赋形剂的水溶液混合、乳化，再喷雾干燥，所制得的微胶囊化香料在食品中的分散性好，抑臭效果好，微生物污染少，氧化或挥发等变化少。现在有许多液体香料，如柠檬、橙油、草莓、薄荷、葡萄、樱桃、香蕉、苹果汁等天然香料或风味剂予以微胶囊化，其产品可具有 50% ～ 95% 的保留率。也有用蒜油、姜油、芥子油制取的微胶囊剂。

将稳定性较差的香料微胶囊化成粉末香料，提高了耐热性，避免了食品烘烤时的损失，扩大了香料的适用范围。又如在焙制食品中，桂皮醛为桂皮中天然香料，它能阻止酵母生长，故将桂皮醛经脂肪微胶囊化后添加于发酵食品中，既可保持有桂皮香味，而又不妨碍发酵的进行。

生产口香糖时，应用微胶囊化香料（如薄荷油），食用时与唾液接触，立即释放香味，比直接用薄荷油时香味更浓。生产硬糖果时，加入 β- 环糊精包结的香料，能防止加工过程中香料损失，提高产品香味持久性。

溶液中的香料，也能用环糊精包结后降低其挥发性。例如茴香脑溶液在30℃存放，5h香料挥发损失68%，但以1∶1比例量加入β-环糊精，5h挥发损失为5%，能稳定稀溶液中的芳香料，保持果汁、饮料和其他液体食品的风味。

微胶囊化技术也可用于速溶茶、速溶咖啡，能防止干燥时香味的损失，改进风味。还可用于香烟，避免加工储存时香料的损失。

例1：β-环糊精包结法制作茉莉微囊香精

在含有30%乙醇的水溶液300ml中加25g β-环糊精，用水浴加热至50℃，边搅拌边加入含15%茉莉香精的乙醇溶液20ml，维持40℃继续搅拌2h，自然冷却至室温，静置24h，用布氏漏斗抽滤、洗涤，于50℃烘干成粉末状茉莉微囊香精。

例2：β-环糊精包结法制作微胶囊香兰素

采用环糊精及其衍生物为壁材包埋香兰素，工艺条件为：环糊精（或环糊精衍生物），香兰素=2∶1（摩尔比），pH=6，环糊精衍生物（或环糊精）浓度为20%（或饱和溶液）；水∶酒精=60∶40（体积比）。该法制备包合物具有设备简单、适于大规模生产的特点。经紫外分光光度计分析，经过环糊精或环糊精衍生物包结的香兰素可使其香味释放缓慢，留香时间延长，而且香气柔和；同时降低了烘烤时的香气损失，使烘烤食品的香味更加厚实，提高了香兰素的耐高温性。

例3：微胶囊化茴香油

微胶囊化茴香油的制备是将水溶性壁材溶于水，搅拌均匀，加入茴香油，继续搅拌，用高压均质机均质，然后再经喷雾干燥制成粉末。首先将溶解好的胶质溶液溶解在水中，恒温后加入麦芽糊精搅拌均匀，使溶液中没有未溶解的固体颗粒。将已经溶解的乳化剂加入到已经溶解的油中，搅拌均匀并保持温度恒定。然后将油相和水相混合均匀，使总固形物含量在20%～35%之间，并在55～60℃条件下乳化5min。将上述混合溶液在高压灭菌锅中进行灭菌，恒温121℃处理5min。然后在20～30MPa的条件下均质两次。在气流式喷雾干燥器中进行喷雾干燥，进风温度为195℃，出风温度为85～95℃，出塔的产品自然冷却到室温，过筛后即得到微胶囊化茴香油产品。

（二）在日化产品中的应用

在化妆品中也大量使用香料微胶囊。香料微胶囊化后，可以减少香料的挥发损失。利用微胶囊的控制缓放作用，使化妆品中的香气更持久。

化妆品用香料微胶囊除了使用传统的喷雾干燥法、锐孔—凝固浴法、复合凝聚法、简单凝聚法制备之外，目前经常采用β-环糊精的络合包结法。由于β-环糊精分子中间带有一个略显非极性的空腔，当香料分子与空腔大小相近时，就很容易结合形成稳定的络合物，从水中沉淀下来。用这种方法得到的微胶囊，可防止香精氧化、汽化挥发或感光变质。

在合成洗涤剂中加入香料，不仅可以保持原有的去污效果，而且可以赋予衣物香味。但是要在洗涤过程中把香料转移到衣物上并不容易，因为天然香料多是易挥发的物质，特别是用较热的水洗衣服时，它更易挥发散失掉。而衣物在洗涤后的熨烫烘干中，也会造成香料的大量挥发。所以用普通加香洗衣粉，只能使洗后的衣物获得微弱的香味。把香料微胶囊化不仅可以保证香料在合成洗涤剂储存期间减少挥发散失，也避免香料与洗涤剂中的其他组分相互作用而失效。在洗涤和烘干熨烫过程中会有一部分微胶囊破裂，而使衣物带上香味。同时仍有相当数量的香料微胶囊未破裂而渗人到织物缝隙内部保留下来，在穿着过程中慢慢释放出香味来。

洗涤剂中使用的香料是有香味或能抵消恶臭味的物质，在室温下通常呈液态。从化学成分看属于醛、酮、酯类有机物，从香味来源看可以是檀香木、灵猫香等动植物香味，也可以是茉莉、玫瑰、紫罗兰等花卉香味，也可以是橘橙油、柠檬油、菠萝、草莓等水果香味。还有一些香料本身并不具有特别的香味，但它可以抵消或降低令人不愉快的气味，这些物质也可以当洗涤剂香料使用。

香料微胶囊的壁材要求不能被香料溶液所溶解，一般也不具有半透性，只有在摩擦过程中才破裂释放出香味。香料微胶囊通常是用明胶一阿拉伯树胶体系的复合凝聚法或尿素一甲醛预缩体、蜜胺一甲醛预缩体的原位聚合法制备，这样制得的微胶囊有良好的密封性。应注意的是，要使香料微胶囊在洗涤过程中沉积到衣物纤维的缝隙中并在穿着时仍能释放香味，微胶囊粒径最大不得超过300μm，一般香料在微胶囊中质量占50%～85%，微胶囊壁厚在1～10μm之间，以保证在穿着和触摸时微胶囊是易碎的。研究表明，香料微胶囊在不同材料的衣物上附着能力不同，在具有平滑表面的棉、锦纶织物上附着能力低，在表面粗糙的涤纶针织物表面附着容易。因此，不同织物上的香料微胶囊用量应有变化。能够渗入织物内部并牢固附着的香料微胶囊，能经得住多次洗涤而不脱落并能使衣物较长时间保持香味。在粒状合成洗衣粉中，通常是把洗衣粉各种配方加好之后再加入香料微胶囊，而在液体洗涤剂中香料微胶囊是以悬浮状态存在的。

此外，凝胶化是固体空气清新剂制备的常用方法。它可分为水性凝胶和油性凝胶两类。水性凝胶是以水为基材，用鹿角菜（Carrageenan）、琼脂、羟丙基纤维素等水溶性高聚物为凝胶剂，例如，由3份鹿角菜、0.2份聚丙烯酸、3份柑橘香精、6份异丙醇、4份乙二醇和97.0mL水组成一个水凝胶型空气清新剂。另一个例子就是0.8%的明胶，0.07%的苯甲酸钠，0.18%的对二氯苯，7%的玫瑰香精，0.1%的吐温—20，3%的乙醇，4%的甘油及84.85%的蒸馏水。这个空气清新剂留香时间长且容易制备。油性凝胶是以链烷烃（Paraffin）、萜二烯系溶剂等为基材，用油性高聚物作为凝胶剂。例如，将香精10份，C_{8-10}异链烷烃70份，苯乙烯—乙烯—丁二烯三元共聚物20份相混合，在100℃下搅拌30min，然后趁热将其铸成一个直径为7cm，高为3cm的凝胶状圆柱型固体空气清新剂。

（三）在其他方面的应用

香料微胶囊除了在食品、日化产品中有应用之外，也可用在香烟、杀虫剂、印刷油墨等中。

通常烟草在燃烧时会产生一些有辛辣味道的有机物，如果在香烟中加入一些樟脑、薄荷、柠檬、樱桃之类的香精，就可以用它们的香气来掩盖烟草燃烧过程中产生的辛辣味。通常在制造香烟过程中都加有香料，但香料都是易挥发的有机物。为了减少香料在香烟储存期间的挥发散失，可以把香料制成微胶囊形式。

油性香料通常用复合凝聚法的明胶一阿拉伯树胶体系制备，如含有樟脑、薄荷的香料微胶囊都可用这种方法制备。

把香料微胶囊悬浮在水溶性黏合剂溶液中后，就可以喷洒在烟丝上与烟丝一起形成烟卷。由于明胶一阿拉伯树胶体系有严密的包覆作用，储存期间香料不会从微胶囊中逸出而挥发散失，因而可长时间保留。吸烟时，烟丝燃烧产生的热量会使微胶囊破裂而放出香料，并使辛辣味得到掩盖，而且微胶囊受热破裂时会发出“啪、啪”的响声，给人一种听觉上的快感。

香科微胶囊还可用于杀虫剂中。例如，用85份α-环糊精与13份香叶醇相混合，在50℃下搅拌1h，得到香叶醇—环糊精包络化合物，将其研成粉末状。10份这种粉末与90份聚乙烯颗粒相混合，然后注塑加工成梳子、毛刷等塑料加香产品，其优雅的玫瑰花香可持续6个月而没有任何香气质量的变化。另外也可制成持续释放的杀虫剂、空气清新剂等制品，它们被制成薄片状、带状或纤维状。

另外，在印刷工业使用的油墨中加入香料微胶囊，印刷出的印刷品有持久的香味，特别是印刷成有香味的广告宣传品，更受欢迎。把香料微胶囊涂敷在房间的壁纸或装饰物中，使人走进房间闻到香味，产生一种十分惬意的感觉。

微胶囊技术作为一项用途广泛而又发展迅速的新技术，虽然发展时间不长，但已给许多行业带来了极大的革新和进步，许多以前不能解决的问题，因该技术的出现而迎刃而解。在微胶囊技术的发展历史过程中，美国对它的研究一直处于领先地位，日本次之，我国在这方面的研究中已落后于发达国家，应该深入研究芯材的释放机理，加强新型壁材的开发，努力设计新的工艺路线，结合其他高新技术，创造出更多的新型产品。香料香精运用微胶囊技术有较为深入的研究，在许多领域也已得到实际应用，随着科学技术的进步，微胶囊技术将会越来越完善，其研究和应用领域也将会得到很大的发展和提高。

第三节　超临界 CO_2 流体萃取技术及其应用

一、超临界 CO_2 流体萃取技术概述

把气体压缩到临界点以上，使之成为超临界状态，此气体对溶质的溶解能力就会大大增强。超临界流体萃取就是利用处于临界压力和临界温度以上的流体具有的这一特异性能而发展起来的一种新型化工分离技术。纯 CO_2 的临界压力为 7.39MPa，临界温度为 31.06℃，处于临界压力和临界温度以上状态的 CO_2 被称为超临界 CO_2，如图 6-1 所示。这是一种可压缩的高密度流体，是通常所说的液、气、固三态以外的第四态，超临界 CO_2 的分子间力很小，类似于气体；而密度却很大，接近于液体，是一种气液不分的状态，没有相界面，也就没有相际效应，有助于提高萃取效率，并可大幅度节能。

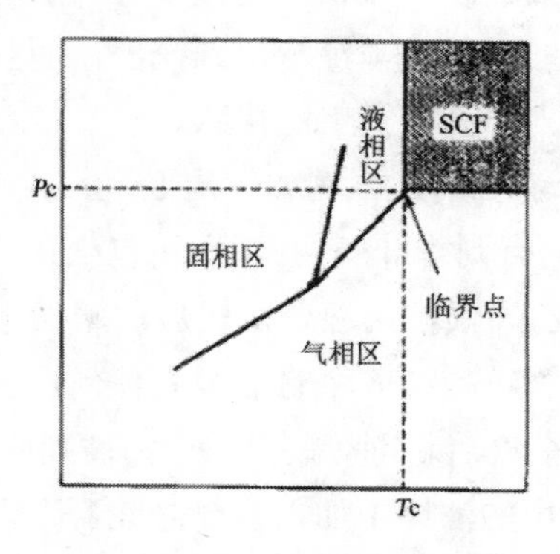

图 6-1　超临界 CO_2

超临界 CO_2 流体的物理化学性质与在非临界状态的液体和气体有很大的不

同。由于密度是溶解能力、黏度大小是流体的阻力、扩散系数是传质速率高低的主要参数，因而超临界 CO_2 流体的特殊性质决定了超临界 CO_2 流体萃取技术的一系列重要特点。超临界 CO_2 流体的黏度是液体的1%，自扩散系数是液体的100倍，因而具有良好的传质特性，可大大缩短相平衡所需时间，是高效传质的理想介质；具有比液体快得多的溶解溶质的速率，有比气体大得多的对固体物质的溶解和携带能力；具有不同寻常的巨大压缩性，在临界点附近，压力和温度的微小变化会引起 CO_2 的密度发生很大的变化，所以可通过简单的变换 CO_2 的压力和温度来调节它的溶解能力，提高萃取的选择性；可通过降低体系的压力来分离 CO_2 和所溶解的产品，省去消除溶剂的工序。

超临界 CO_2 流体萃取的工艺过程见图6-2。将被萃取原料装入萃取釜，采用超临界 CO_2 流体作为溶剂。CO_2 气体经热交换器冷凝成液体，用加压泵把压力提升到工艺过程所需的压力（一般高于 CO_2 的临界压力，但与被萃取原料的物性有关），同时调节温度，使其成为超临界 CO_2 流体。超临界 CO_2 流体作为溶剂从萃取釜底部进入，与被萃取物料充分接触，选择性溶解出所需的组分，经节流阀降压至 CO_2 的临界压力以下，进入分离釜。由于溶质在 CO_2 流体中的溶解度急剧下降而使溶质从 CO_2 流体中解析出来成为产品，定期从分离釜底部放出。解析出溶质后的 CO_2 流体经冷凝器冷凝成 CO_2 液体后再循环使用。

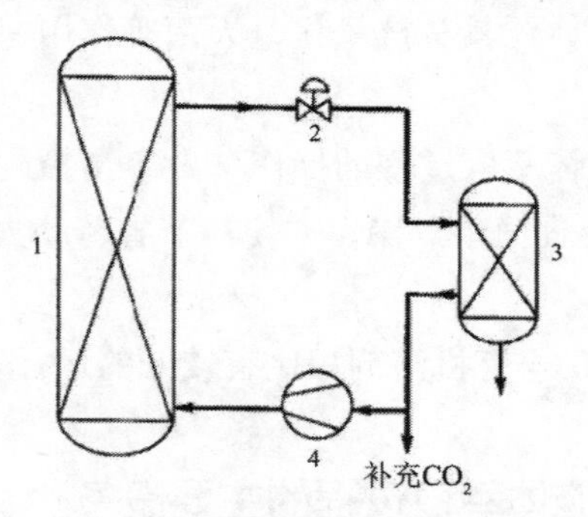

图6-2　超临界 CO_2 流体萃取的工艺过程

1—萃取釜；2—减压阀

3—分离釜；4—加压泵

虽然采用超临界 CO_2 流体萃取技术能有效地将需要分离提取的组分从原料中分离出来，但超临界 CO_2 流体萃取技术也不是万能的，仍存在需要解决的问题。CO_2 的分子结构决定了它对一定的分离过程有很大的局限性：对于烃类和弱极性的脂溶性物质的溶解能力较好，但对于强极性的有机化合物则需加大萃取压力或使用夹带剂来实现分离。一般来说，超临界 CO_2 萃取压力比较高，对设备的要求高，提取能力小而且能耗较大；因此如何采取外部措施对超临界CO_2萃取过程的选择溶解能力和提取速率进行强化就成了当前研究的新动向。

二、超临界CO_2流体萃取技术的特点

和传统加工方法相比，使用CO_2作为溶剂的超临界流体萃取具有许多独特的优点。

（1）萃取能力强，提取率高。采用超临界CO_2流体萃取，在最佳工艺条件下，能将要提取的成分几乎完全提取，从而大大提高产品收率和资源的利用率。

（2）萃取能力的大小取决于流体的密度，最终取决于温度和压力，改变其中之一或同时改变，都可改变溶解度，可有选择地进行多种物质的分离，从而减少杂质，使有效成分高度富集，便于质量控制。

（3）超临界CO_2流体的临界温度低，操作温度低，能较完好地保存有效成分不被破坏，不发生次生化，因此特别适用于那些对热敏感性强、容易氧化分解破坏的成分的提取。

（4）提取时间快，生产周期短，同时它不需浓缩等步骤，即使加入夹带剂，也可通过分离功能除去或只需要简单浓缩。

（5）超临界CO_2流体还具有抗氧化、灭菌等作用，有利于保证和提高产品质量。

（6）超临界CO_2流体萃取过程的操作参数容易控制，因此，有效成分及产品质量稳定，而且工艺流程简单，操作方便，节省劳动力和大量有机溶剂，减少“三废”污染。

（7）CO_2便宜易得，与有机溶剂相比有较低的运行费用。

三、超临界CO_2流体萃取过程的主要设备

超临界CO_2流体萃取装置主要包括前处理、萃取、分离三部分。主要设备有：压缩机、泵、阀门、换热设备、萃取釜、分离釜、贮罐等。

超临界CO_2流体萃取装置的设计除应遵循化工过程装置一般的设计规律外，还要充分考虑超临界CO_2流体萃取过程的特点，对设备的安全装置、快开与密封结构、便于清洗等问题予以关注。

（一）可靠性

超临界 CO_2 流体萃取是高压操作，因此，萃取釜、分离釜的设计及换热器、输送设备以及阀门、管道、接头等的设计和选用都要按压力容器和压力管道相应的规范、标准的规定进行。对高压部分机器的选用一定要考虑减少磨损、泄漏和过早的报废等因素。

（二）清理结构

要密切关注运行系统中的清理和卫生，有的还要进行特殊设计，如在适当的地方安排好管道的断开点以便进行清洗，而且还要便于拆装；设计和安装中要消除死角，消除生物活性物质的积累；保证清理工作的顺利、合格地进行，不但可以提高运行效率，而且有利于产品质量的保证。有些情况下可采用在线清理技术。

（三）前处理和后处理的配套设施

有些原料在萃取前要预处理，有些萃取后的残渣要进行后处理，因此一定要在物料贮运设备如运输带、仓库等的设计中考虑上述要求。

（四）管道及阀门的防堵

有些萃取物形成黏度很大的油相，有些萃取物中含有不溶性固体物质，有时会有蜡或树脂在管道、阀门和换热器内发生沉积。另外，CO_2 流体本身也有相变，若操作不够注意，它也可能形成液相或成为干冰出现，所以在管道、阀门的设计过程中必须充分考虑如何消除其中的堵塞问题。

（五）密封垫片和润滑材料的选用

在超临界 CO_2 流体萃取装置中，要测定保证弹性密封件不受过载压力或损坏条件下的卸载压力范围。对于那些在高压下吸收了一小部分 CO_2 的面积，在压力卸载后应进行检验，并将所发现的问题加以解决。在用超临界 CO_2 流体提取食用品的过程中，所用润滑油（脂）都要符合食品标准。

（六）快开机构

超临界 CO_2 流体萃取天然植物原料往往采用间歇的萃取设备和换热器，因此经常需要打开顶盖便于加装原料与卸除萃取后的残渣，并检查、观察与植物接触的器壁状态，或进行清理，因此设计中要采用快速开关结构。

超临界 CO_2 流体萃取过程有其自身的特点，对此，Eggers、Koene、Herdere 和 Heidemeyer、Eggers 和 Sievers 以及 Marentis 和 Vance 等都讨论了商用工厂的结构和操作。

四、超临界 CO_2 流体萃取技术在天然香料工业中的应用

天然香料的种类繁多，虽然生产的量较小，但对改善人民生活的作用很大。超临界 CO_2 流体萃取过程可在常温下进行，并且 CO_2 无毒、无残留，因此特别适合于不稳定的天然产物和生理活性物质的分离精制。在极其崇尚自然的香料界，超临界 CO_2 流体萃取法因其有可能制备出近乎完美的“天然”香料而备受人们的重视，现已成为获得高品质精油的有效手段之一。实际上在天然香料方面的应用已成为超临界 CO_2 流体萃取技术工业化最成功的领域，国内外已有大量的研究报道。但超临界 CO_2 流体萃取法需要较大的设备投资，工艺技术难度较高，操作成本也不低，因此只适用于一小部分具有高附加值的天然香料的萃取。

超临界 CO_2 流体萃取在食品工业投人大规模工业化生产之后，由于超临界 CO_2 流体萃取技术特别适合香料界对产品的自然、纯净和无污染的要求，所以国际上研究工作集中于天然香料的超临界 CO_2 流体萃取加工方向。据报道，天然香料的超临界 CO_2 流体萃取无论在大量品种筛选研究方面，或是在某些品种研究深度上都是处于各应用领域前列。在日本、欧美等发达国家，天然香料的超临界 CO_2 流体萃取已有不少品种走向工业化应用阶段。

（一）植物芳香成分的提取

植物中的挥发性芳香成分由精油和某些特殊香味的成分构成。精油的分离一般使用水蒸气蒸馏法（简称 SD 法），精油和香味成分从植物组织中的提取使用溶剂浸提法。但应用传统的提取方法，植物中部分不稳定的香气成分受热易变质，溶剂残留以及低沸点头香成分的损失还将影响产品的香气。因此，室温操作的超临界 CO_2 流体萃取就成了传统的提取方法 —— 水蒸气蒸馏法和有机溶剂萃取法的理想替代方法。

芳香成分的 CO_2 流体萃取，一般使用液体 CO_2 或低压下的超临界 CO_2 流体，萃取物的主要成分为精油；若在超临界条件下精油和特征的呈味成分可同时被抽出，而且由于植物精油在超临界 CO_2 流体中的溶解度很大，与 CO_2 几乎能完全

互溶，因此精油可以完全从植物组织中被抽提出来，加之超临界 CO_2 流体对固体颗粒的渗透性很强，使萃取过程不但效率高，而且与传统工艺相比具有较高的收率。有关天然香料提取的研究一直非常活跃。

菊花（Chrysanthemum），别名菊华，寿客，帝嫂花，为多年生草本菊科菊属植物，其味甘、苦，性微寒，人肺、肝经，有疏风散热，平肝明目，清热解毒之功效。《神农本草》有“服之轻身耐老”的记载。据现代医学研究表明，菊花含有挥发油、菊甙、氨基酸、维生素 A、B 等物质，有抑制多种致病菌的作用，如对大肠杆菌、链球菌、金黄色葡萄球菌等都有杀伤能力；有较平稳的降血压作用，并能显著扩张冠状动脉，增加冠脉流量，减慢心率，对心脑血管缺血和血栓的形成有预防作用。菊花中还含有微量元素硒、锌，硒可以防癌，锌可以增强机体的免疫能力。我国菊花资源丰富，将菊花中所含的挥发性芳香成分（一般称作菊花油）。菊花油具有天然菊花的香味，主要用于烟草和食品香精中。目前菊花油的提取几乎都是采用会污染产品的有机溶剂法。由于菊花油是脂溶性物质，其成分多为不稳定物质，易受热变质和挥发，但在超临界 CO_2 中的溶解度较大，与原料中其他复杂有机组分共存，其溶解度会更大，因此，操作温度低的超临界 CO_2 萃取成了传统提取方法的理想替代。

廖传华等采用南通华安超临界萃取有限公司制造的 1L 超临界萃取装置进行了菊花油的超临界 CO_2 流体萃取实验，并用岛津 LC-l0A 型高效液相色谱对萃取的菊花油浸膏进行了测定。在不同温度和压力的条件下作了实验，分析研究了不同操作条件对萃取得率的影响（表 6-1）。

表 6-1 天然香料的超临界 CO_2 流体萃取

类别	原料	萃取条件	抽出物
鲜花类	茉莉花	抽气吸附 +SCF 洗脱	头香精油
		浸膏 +SCF 抽提	净油
	桂花	Liq+SCF 抽提	净油
	墨红花	SCF	净油
	桅子花	抽气吸附 +SCF	头香精油
	菊花	SCF	精油
	薰衣草花	SCF	精油
	丁香花	Liq+SCF	精油
	玫瑰花	SCF	精油
	春黄菊花	Liq+SCF	精油 + 黄菊素
	除虫菊花	Liq+SCF	精油 + 除虫菊素

续表

类别	原料	萃取条件	抽出物
辛香料类	杏仁	SCF	精油
	黑胡椒	SCF	精油 + 胡椒碱
	鼠尾草	SCF	精油
	生姜	Liq+SCF	精油 + 姜辣素
	芹菜籽	SCF	油树脂
	小豆蔻	SCF	精油
	岩兰草	Liq	精油
	小茴香	Liq	精油
	肉豆蔻	Liq+SCF	精油
	啤酒花	SCF	精油 +α，β 酸
	番椒	SCF	精油
	当归	Liq+SCF	精油
	百里香	SCF	精油
	香荚兰	Liq	精油
	迷迭香	SCF	精油
	甘牛至草	SCF	精油
	八角茴香	SCF	精油
	芫荽籽	SCF	油树脂
	薄荷	SCF	精油
	多香果	Liq	精油
	桉树	SCF	精油
	缬草	SCF	精油
	山金草	SCF	精油
	香子兰	SCF	精油
其他香料	古蓬香脂	SCF	精油
	檀香木	Liq+SCF	精油
	子丁香	Liq	精油
	柑橘、柠檬皮	SC	精油
		Liq	精油
	刺柏果	SCF	精油
	甜橙皮	SCF	精油
	香草兰孜然油	SCF	精油
	香紫苏	SCF	精油

注：SCF—超临界 CO_2 流体萃取；Liq—液体 CO_2 萃取。

操作压力对萃取得率的影响见表 6-2。在一定萃取温度下，当压力增大时，萃取得率增加，尤其从 20MPa 增大到 30MPa 时，萃取得率增加很多，这说明随着萃取压力的增大，溶剂 CO_2 的密度便增大，溶解菊花油的能力相应提高。但压力从 30MPa 增加到 40MPa，萃取得率增加很小，说明溶剂溶解能力与压力并非成正比例线性关系：压力较低时，浓度随压力升高增加很快，而当压力达到一定程度后，浓度随压力升高增加比较缓慢，因而溶解能力的增加很小。从经济的角度看，并非压力越高效益越好。压力太高，对设备的加工和操作运行也提出了更为苛刻的要求，反而会使生产成本上升。考虑设备投资，操作压力选择为 30 ～ 35MPa。

表 6-2 压力对萃取得率的影响

萃取条件		萃取得率
压力 /Mpa	温度 /℃	

续表

10	30	0.12
20	30	0.35
30	30	0.76
35	30	0.82
40	30	0.87
45	30	0.91
50	30	0.93

温度与萃取得率的关系比较复杂，见表 6-3。在不同压力范围内，温度对溶解度有截然相反的影响，这实际上是温度对溶剂密度及溶质挥发性（蒸气压）的影响不同造成的。对一定体系，必存在一个压力，在该压力下萃取时，温度对溶质浓度影响不大，称这一压力为临界萃取压力（Critical Extraction Pressure，CEP）。实验对比结果分析表明：压力较低时，在低温下操作比较有利，而温度较高时在较高压力下萃取有利。对于菊花油的萃取，操作温度在 20 ～ 40℃ 范围内较合适。

表 6-3 温度对萃取得率的影响

萃取条件		萃取得率
压力 /Mpa	温度 /℃	
35	20	0.91
35	25	0.86
35	30	0.82
35	35	0.80
35	40	0.77
35	45	0.72
35	50	0.64

实验结果分析表明，超临界溶剂的溶解能力与其密度有比压力更直接的关系。一定温度下，溶质的蒸气压一定，当溶剂密度增加、溶剂溶解能力提高时，浓度也增大；一定密度下，升温会提高溶质的挥发度，从而提高超临界 CO_2 相中溶质的含量。实际上，由于密度与温度和压力有关，它大致综合了温度、压力对萃取率的影响，因而在处理有关超临界流体问题时，将溶剂密度作为其中一个重要参数会带来很大的方便。

二氧化碳流量对萃取物总量有一定的影响，见表 6-4。在 CO_2 的流量较小时，对菊花油的萃取速率较小，操作时间较长；随着二氧化碳用量的增加，萃取得率在开始时增加的速度快；达到一定量后，萃取得率的增加速度变得较为缓慢；当流量过大时，CO_2 的流速较大，此时菊花油可能还来不及溶于超临界 CO_2 相中，因而产品得率较低。所以溶剂 CO_2 的流量选择在 20 ～ 25kg/h。

表 6-4 CO_2 流量对萃取得率的影响

CO_2 流量 /（kg/h）	萃取得率	CO_2 流量 /（kg/h）	萃取得率	CO_2 流量 /（kg/h）	萃取得率
10	0.22	20	0.73	30	0.92
15	0.45	25	0.88	35	0.90

由此得出结论：采用超临界 CO_2 流体萃取菊花油，具有萃取效率高，速度快，无污染，工艺简单，萃取物色味纯正等优点。实验表明，在萃取过程中，压力越高收率越高，压力较小时，提高压力对提高收率影响很大，压力较大时，提高压力收率增加有限；温度越高收率越高，因此采用超临界 CO_2 流体萃取菊花油时，适宜的操作条件为：压力 30 ～ 35MPa，温度 20 ～ 40℃，CO_2 的流量为 20 ～ 25kg/h。

（二）水果蔬菜香气成分的萃取和浓缩

柑橘类果汁和精油的提取具有重要的价值。在柑橘加工工业中，主要问题是如何生产具有自然香气的果汁和减少不希望的杂质，如因加热造成的气味以及苦味。柑橘精油是柑橘加工过程中重要的副产品，主要来源于柑橘类的外皮，是一种重要的天然精油，目前全世界需求量达每年 9kt。通常的提取方法是冷磨、冷榨和蒸馏法，其中以冷磨法油品最佳，一般精油收率为 0.2% ～ 0.5%。应用超临界 CO_2 流体提取柑橘精油已有报道，超临界 CO_2 流体萃取法从柠檬果皮中萃取精油（30MPa 和 40℃），精油回收率达 0.9%。柠檬果皮的超临界 CO_2 流体萃取产物的组成与冷榨法产物的对比见表 6-5。结果表明，与冷榨法相比，超临界 CO_2 流体萃取法产物中含有较多的萜品醇、橙花醇和香叶醇，含较少的柠檬醛等醛类。

表 6-5 柠檬果皮超临界 CO_2 流体萃取法和冷榨法产物组成的对比

香气成分	超临界 CO_2 流体萃取 /%	冷榨法 /%	香气成分	超临界 CO_2 流体萃取 /%	冷榨法 /%
单萜烯	92.40	95.00	香茅醇		0.40
柠檬烯	62.90	66.60	橙花醇	0.8	0.01
橙花醛	0.3	1.20	香叶醇	1.30	0.03
柠檬醛	0.2	1.15	橙花醇乙酸酯	0.45	0.40
萜品醇	1.2	0.24	香叶基乙酸酯	0.45	0.35

超临界 CO_2 流体萃取技术对柑橘油的另一个应用是精油脱萜。植物精油主要由萜烯类和高级醇类、醛类、酮类、酯类等含氧化合物所组成，如大规模工业化生产的冷榨柑橘精油中萜烯烃类含量很高，达 95%，但它们对于精油香气

的贡献很小。对精油特殊香气具有重要作用的是精油中的含氧化合物，存在于精油中的醛、醇、酯、酮和有机酸的结构及其相对比例对柑橘精油香气有决定性的影响。由于精油中萜烯类化合物以不饱和烃为主，它们对热和光不稳定，在空气中很容易氧化变质而影响柑橘油的质量，因此有些精油在应用中往往需要预先脱萜浓缩。E.Stalh 通过测定萜烯类和含氧萜烯类化合物在超临界 CO_2 流体中的溶解度行为并讨论了精油成分分馏的可能性，发现倍半萜烯类与含氧萜类在超临界 CO_2 流体中的溶解度几乎相同，因而很难分离，但由于两者极性的差异，可通过增加极性的方法，如将 CO_2 流体饱和水分有可能将两者加以分离。在 8.5MPa 和 40℃ 的纯 CO_2 流体中，石竹烯和茴香脑的溶解曲线 A 和 B 几乎相同，分馏困难。相同条件下，CO_2 流体饱和水分以后的溶解曲线 A^* 和 B^* 有显著的差别，极性化合物茴香脑比石竹烯溶解度大 8 倍左右，可以实现分馏。在 CO_2 下超过 9.0MPa 压力后，由于两者溶解度都增加，分离又变得困难。另外，采用图 6-3 所示的连续逆流超临界 CO_2 流体萃取－蒸馏装置可以大幅度提高设备的处理能力，有效发挥超临界 CO_2 流体萃取和蒸馏两种分离手段的性能，是一个值得注意的动向。

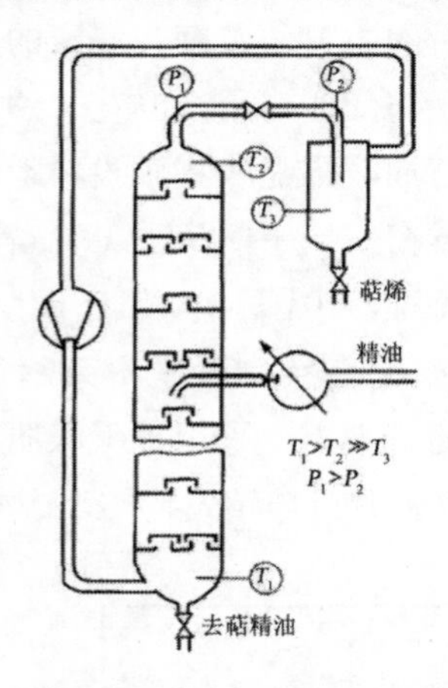

图 6-3　连续脱除精油中萜烯的超临界流体萃取装置

此外，超临界 CO_2 萃取技术也常用于水果、蔬菜汁的浓缩。液体 CO_2 的极性较小，对果汁中的醇、酮、酯等有机物的溶解能力较强，因此比较适合于水果汁和蔬菜汁的香味的浓缩，并且产物中无溶剂残留，其安全性远较有机溶剂浓缩法要高，已进行的研究工作包括苹果、柑橘、桃子、菠萝、梨等。液体 CO_2 同样可作为蔬菜特有香味的抽提剂，已研究过的蔬菜包括土豆、胡萝卜、芹菜等，所得产品富含含氧成分，香气风味俱佳。另外，超临界 CO_2 流体还应用于柑橘汁的脱苦以及新鲜蔬菜汁中某些怪味的脱除。柑橘汁苦味的主要成分为柠檬碱，

使用超临界 CO_2 流体萃取法在压力为 21 ～ 41MPa，温度为 30 ～ 60℃的条件下，可在 1h 内将柠檬碱减少 25%，萃取 4h 可将柠檬碱减至苦味阈值 7×10-6 以下，是一种有希望的果汁脱苦方法。

（三）鲜花芳香成分的提取

多数鲜花中芳香成分含有不稳定物质，容易在加工过程中受热或氧化变质。由于超临界流体萃取可在室温下进行，因而对鲜花香料的提取具有很大的吸引力，国内外都已有关于玫瑰、甘菊花等鲜花的超临界 CO_2 流体抽提的报道。但鲜花较小的堆密度将严重影响设备的时空产率，加之鲜花采摘期与保鲜期很短，往往需要在短期内加工处理大量的鲜花，这更进一步加重了超临界 CO_2 流体萃取设备的短期负荷，增加了工业化的难度。所以，从技术经济角度分析，鲜花较难实现大规模工业化萃取。实际上至今也没有大规模采用超临界 CO_2 流体萃取鲜花的报道。

国内在茉莉、梔子、墨红、桂花、菊花等鲜花芳香成分提取方面进行了不少研究。茉莉浸膏和净油是名贵的香料，茉莉花浸膏的生产工艺是采收成熟花蕾，在存放过程中随着鲜花的呼吸与代谢作用，鲜花才逐渐开放和释放香气；采用传统的溶剂浸提工艺过程提取精油，只能收集到投料瞬间茉莉花朵上含有的精油，无法回收鲜花开放过程中散发在空气中的头香。

鉴于上述茉莉花的放香特征，中国科学院广州化学研究所与广州百花香料厂合作进行了“抽气吸附捕集和超临界 CO_2 脱附茉莉花头香精油”的研究工作，在目前茉莉花浸膏生产流程的基础上，采用抽气吸附捕集头香精油和超临界 CO_2 流体脱附生产头香精油的方法，并已申请发明专利。整个分离流程如图 6-4 所示。

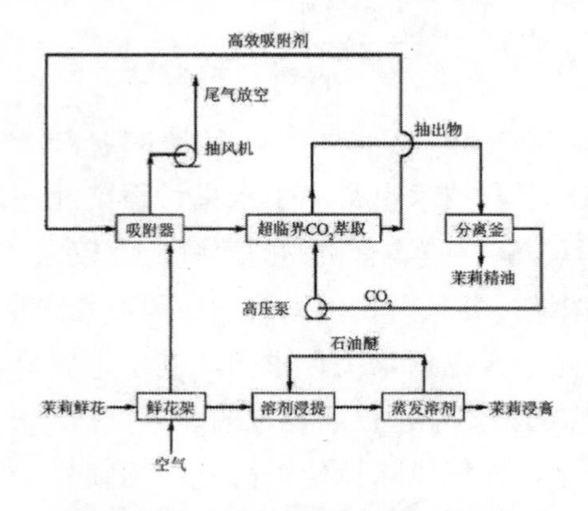

图 6-4 鲜花头香捕集和超临界 CO_2 脱附流程

头香提取分离由如下两部分组成。

（1）在室温下，将空气经抽吸通过鲜花层（刚采摘的鲜花，分层放置在四周密封的花架），带出鲜花散发出来的头香精油，含头香精油的空气流经高效吸附剂床层，精油被吸附捕集。

（2）将吸附头香精油的吸附剂在萃取釜中用超临界 CO_2 流体脱附，分离出被吸附的头香精油，经上述处理的鲜花仍可作为溶剂浸提的原料生产鲜花浸膏。

采用上述工艺具有如下优点。

（1）能有效地捕集茉莉花自然散发的香气。

（2）由于吸附剂的浓缩作用，所需超临界 CO_2 流体萃取设备规模很小，有利于工业化。

（3）所得茉莉花头香精油为浅黄色透明液体，香气与植株上的茉莉非常接近。

（4）采用该法可在不影响茉莉花浸膏得率的条件下增收茉莉头香精油。

（5）该法适用于采摘后还能不断形成精油的鲜花。

栀子属茜草科植物，在我国广泛栽培于南方各省区。栀子花具有令人愉快的清香，其精油可用于多种香型化妆品、香皂香精以及高级香水香精。栀子花精油较不稳定，其热敏性组分在传统的溶剂法生产浸膏过程中易因长期受热而变质，造成栀子花浸膏和净油香气与鲜花之间有所差异。郭振德采用超临界 CO_2 流体萃取技术，在接近室温条件下提取栀子花头香精油，不但可增加精油收率，而且所得头香精油为浅黄色透明液体，与植株上栀子花的香气极为接近，是一种新型香精原料。我国栀子花用树脂吸附的头香成分近年来稍有报道。郭振德等将当日采摘的广州地区产的新鲜栀子花用活性炭吸附剂捕集头香后，再用超临界 CO_2 流体从吸附剂中萃取的栀子花头香精油进行了组成研究，采用气相色谱、色—质联用并结合薄层色谱、化学反应等手段初步鉴定出 24 个组分，占色谱峰总面积的 93%。气相色谱用岛津色谱仪与 C-R3A 计算机联用，固定液为 OV-101 的石英毛细管色谱柱（25m×0.22mm），柱温 200℃，氢焰离子化检测器。色质联用主要数据由 Finnigan4021 色一质联用仪取得，色谱柱为涂 OV-101 固定液的石英毛细管柱（28m×0.25mm）。柱温 2400C，电子轰击源。另有个别数据是用 JEOLC300 型色谱 — 质谱仪补充取得。薄层色谱用自制硅胶板进行。研究结果表明，采用超临界 CO_2 流体萃取方法得到的栀子花头香挥发物与树脂吸附一溶剂洗脱的头香不同。后者只限于少量样品成分的研究，而前者则具有其工业价值，在不影响工厂生产浸膏的得率前提下可以拿到头香挥发物的精油，而且其香气优于普通溶剂法生产的浸膏和净油。其组成看来也与树脂吸附一溶剂洗脱的头香有所差别。

桂花是我国独特的香料资源，桂花浸膏在国际香料市场上有良好的信誉。桂花具有超临界 CO_2 流体萃取的条件：首先桂花易于保鲜，目前采用的盐矾水保鲜技术能保证鲜花贮存近一年的时间，有利于超临界 CO_2 流体萃取设备均匀发挥生产效能；其次桂花堆密度较大（特别是相对于其他鲜花），有利于提高超临界 CO_2 流体萃取设备的利用率；超临界 CO_2 流体萃取所得桂花浸膏的品质远比传统石油醚浸膏优越，并具有较高的厚膏得率，加之浸膏价格很高，因此桂花直接用于超临界 CO_2 流体萃取具有比较优越的条件，应是鲜花超临界 CO_2 流体萃取比较理想的品种。

第四节　数据库技术在调香中的应用

一、数据库技术简介

数据库，简单说来就是以一定方式储存在一起、能为多个用户共享、具有尽可能小的冗余度、与应用程序彼此独立的数据集合，通过对文件的管理，即可对文件中的数据进行新增、截取、更新、删除等操作，以实现对数据的有效管理的现代信息技术。

数据库实际是可依照某种数据模型组织起来。并存放在二级存储器中的数据集合。这种数据集合具有如下特点：尽可能不重复，以最优方式为某个特定组织的多种应用服务，其数据结构独立于使用它的应用程序，对数据的增、删、改和检索由统一软件进行管理和控制。从发展的历史看，数据库是数据管理的高级阶段。它是由文件管理系统发展起来的。

数据库的历史可以追溯到20世纪50年代，那时的数据管理非常简单。而数据管理就是通过对穿孔卡片进行物理的储存和处理。1956年IBM生产出第一个磁盘驱动器，该驱动器有50个盘片，可以储存5MB的数据。使用磁盘最大的好处是可以随机地存取数据，而穿孔卡片只能顺序存取数据。

数据模型是数据库系统的核心和基础，各种数据库软件都是基于某种数据模型的。所以通常也按照数据模型的特点将传统数据库系统分成网状数据库、层次数据库和关系数据库三类。

最早出现的是网状数据库。1964年。美国通用电气公司（General Electric

Co.）的 Charles Bachman 成功地开发出世界上第一个网状数据库管理系统——集成数据存储（integrated data store.IDS），奠定了网状数据库的基础，并在当时得到了广泛的发行和应用。IDS 具有数据模式和日志的特征。但它只能在通用电气公司主机上运行，并且数据库只有一个文件，数据库所有的表必须通过手工编码来生成。层次型数据库管理系统（DBMS）是紧随网络型数据库而出现的，最著名最典型的层次数据库系统是 IBM 公司在 1968 年开发的 IMS（information management system），一种适合其主机的层次数据库。这是 IBM 公司研制的最早的大型数据库系统程序产品。从 20 世纪 60 年代末产生起，如今已经发展到 IMSV6，提供群集、N 路数据共享、消息队列共享等先进特性的支持。网状数据库和层次数据库已经很好地解决了数据的集中和共享问题，但是在数据独立性和抽象级别上仍有很大欠缺。用户在对这两种数据库进行存取时，仍然需要明确数据的存储结构，指出存取路径。而后来出现的关系数据库较好地解决了这些问题。

1970 年，IBM 的研究员 E.F.Codd 博士在刊物“Communication of the ACM”上发表了一篇名为“A Relational Model of Data for Large Shared Data Banks”的论文，提出了关系模型的概念，奠定了关系模型的理论基础。尽管之前在 1968 年 Childs 已经提出了面向集合的模型，然而，这篇论文才被普遍认为是数据库系统历史上具有划时代意义的里程碑。Codd 的心愿是为数据库建立一个优美的数据模型。后来 Codd 又陆续发表多篇文章，论述了范式理论和衡量关系系统的 12 条标准，用数学理论奠定了关系数据库的基础关系模型有严格的数学基础，抽象级别比较高，而且简单清晰，便于理解和使用。1971 年 IBM 的 Ray Boyce 和 Don Chamherlin 将 Codd 关系数据库的 12 条准则的数学定义以简单的关键字语法表现出来，里程碑式地提出了 SQL（structured ctuery language）语言。SQL 语言的功能包括查询、操纵、定义和控制，是一个综合的、通用的关系数据库语言，同时又是一种高度非过程化的语言，只要求用户指出做什么而不需要指出怎么做。SQL 集成实现了数据库生命周期中的全部操作。SQL 提供了与关系数据库进行交互的方法，它可以与标准的编程语言一起工作。自产生之日起，SQL 语言便成了检验关系数据库的试金石。而 SQL 语言标准的每一次变更都指导着关系数据库产品的发展方向。然而，直到 20 世纪 70 年代中期，关系理论才通过 SQL 在商业数据库 Oracle 和 DB2 中使用。1986 年。ANSI 把 SQL 作为关系数据库语言的美国标准，同年公布了标准 SQL 文本。SQL 标准有 3 个版本。基本 SQL 定义是 ANSIX3135—89，“Database Language-SQL with Integrity Enhancement”[ANS89]，一般叫作 SQL—89，SQL—89 定义了模式定义、数据操作和事务处理。SQL—89和随后的ANSIX3168—1989，“Database Language-Embedded SQL”构成了第一代SQL标准。ANSIX3135—1992[ANS92]描述了一种增强功能的SQL，叫作SQL—92标准。SQL—92包括模式操作，动态创建和SQL语句动态执行、网络环境支持等增强特性。在完成SQL—92标准后，ANSI和1SO即开始合作开发SQL3标准。SQL3的主要特点在于抽象数据类型的支持，为新一代对象关系数据库提供了标准。

二、数据库技术在香料香精分析中的应用

（一）香料香精数据简介

香料工业是国民经济中不可或缺的行业。香精香料与人们的日常生产、生活密切相关，是食品工业、日化工业、烟酒行业、医药卫生工业等行业重要的原料。随着经济的发展，香精香料从产品数量到产品类别都有了巨大的增长，香精香料的使用量也成为衡量一个国家经济实力和发达程度的指标此外。随着现代科技的不断进步，香料香精的使用已经从传统的经验性的手工技术发展成一门系统的科技含量极高的全球化现代工业。特别是随着信息时代的到来，越来越多的香精香料的信息，诸如物理化学性质、香韵轮廓、分析信号（光潜、色谱、质谱等信息）、合成方法、毒副作用、应用范围、天然存在、性状特征等都被收集并编制成手册和数据库。香料香精数据的积累已成为香料工业发展的重要基础，同时也是各个国家的香料行业之间制定行业标准与进行产品质量控制和科学研究的信息来源。

目前，重要的香料香精数据有化学数据、感官数据和行业数据不种类别。参见表6-6。

表6-6 香料香精数据介绍

数据类别	数据指标	实例（以乙酸苄酯为例）
化学数据	沸点、熔点、溶解性、折射率、密度、色谱特征（保留时间、保留指数、指纹图扑等）、质潜特征、光谱特征、化学式、分子结构信息、化学组成、配方信息等	分子式C9H10O2；熔点 -51℃；折光率1.501～1.503；外观Wie无色液体；相对密度为1.055；溶解性为微溶于水，溶于乙醇
感观数据	香韵、留香值、香比强值、香品值、气味ABC值等	嗅香——茉莉花带水果香型；香韵——花香韵；留香值12；香比强值120
行业数据	FDA号、FEMA号、CAS号、COE号等	FEMA号2135；CAS号140-11-4

表6-6罗列了在香料香精的生产、管理、研究、运输和使用等多个方面会涉

及到的数据信息。其中，化学数据常用于香料香精的定性定量分析测试、质量控制、调香工作中，化学数据的特征是经实验测得，具有很高的准确性，能全面地反映香料化合物物理化学性质的各个方面。感官数据是调香工作者通过嗅觉系统对香精香料气味特征的描述，最能反映香精香料的气味属性，如气味类别、气味强度等。但是，值得提出的是，感官数据往往具有较大的主观性，对于一些相似的气味特征无法准确表达，且不同的资料对同一香料的描述还经常存在差异。行业数据是由权威结构如美国食品药品监督管理局（FDA）和美国食用香料和萃取物制造者协会（FEMA）等所制定的行业标准，规范了在香精香料在注册、生产和使用中的重要问题。

目前，已发现的天然单体香料化合物和人工合成香料已超过5000种，由单体香料组成的混合香料如精油、浸膏等也有2000多种，而由这些香料按不同配方产生的香精更是不计其数。因此，香料工业听面临的数据信息量极大又极为复杂，对这些海量信息的有效挖掘和利用是香料工业所面临的巨大机遇和挑战，如何有效利用数据库技术来整合和利用这些数据资源是香料化学领域中一个值得关注的问题。

（二）主要的香料香精数据库介绍

香料香精数据库在香精香料的发展中取到了十分重要的作用。所以在国际上受到了广泛关注，各国的政府管理机构和香精香料公司都在发展自己的香料香精数据库，目前国际流行的数据库和香精香料数据手册包括以下几个。

Flavor-Base（http: //www.leffingwell.com/flavbase.htm）是由Leffingwell&Associate公司开发的一款香味物质与食品添加剂的数据库，为香料、食品、饮料和烟草等相关企业提供香料指标及监管数据。至2012年，该数据库共包含了来自美国食况，药品管理局与联邦应急管理局安全可靠物质清单（FDA&FEMA GRAS Lists）和欧盟注册列表（EC Register List）上的约1230种香味化学物质。用户可以通过FEMA号、COE号、CAS号、物质名称等对香味化合物进行搜索，Flavor-Base除了给出物质的闪点、物质来源、分子式、分子量、密度、在水及乙醇中的溶解度、香味值、香气强度等性质，还提供了部分香味物质的香气感官描述。第9版的Flavor-Base数据库在原有数据库基础上还新添加了1000多种物质的香味感官描述。此外。数据库还包含了美国食品药品管理局与欧共体注册列表允许使用的添加剂名录、天然化合物的来源、香味物质市场供应等信息。用户还可在“Your database”模块建立和管理自己的数据库。图6-5所示为Flavor-Base9.0的界面。

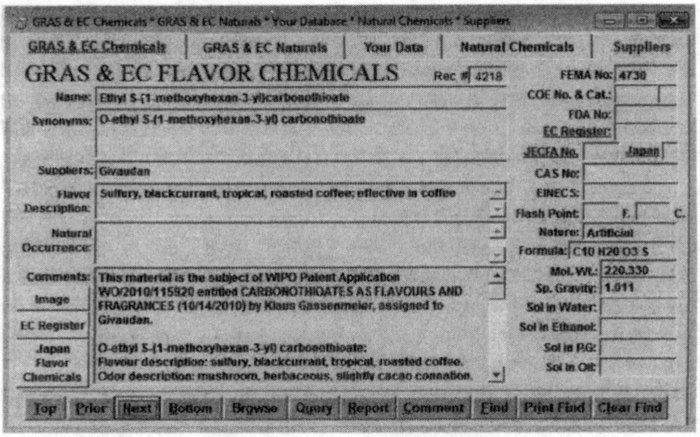

图 6-5 Flavor-Base9.0 的界面

LRI&Odour Database（http：//www.odour.org.uk/index.html）是一个免费的香精香料网络数据库．该数据库收录一了 9000 多个线性保留指数数据以及 5000 多个不同化合物的气味信息，包括香气特征描述以及气味阈值。数据库分为线性保留指数和气味信息两个独立的部分，以香料化合物为媒介可以实现二者信息的交互调用，所有数据来源于文献与手册报道，数据库内容也一直保持持续更新。

此外，其他香精香料网络数据库包括：香精知识系统 Flavor Knowledge Systen（http：//www.fks.com/Default.Aspx），一个研究香精香料、食品添加剂以及香精配方化学组成的商业数据库，该数据库还提供调香工作学习资料；香味分子数据库 OdorDB（http：//senselah.med.yale.Edu/odordh/dh=5），提供了数百种香料化合物的分子式、CAS 号，尤其重要的是该数据库包含了部分香料化合物的嗅觉受体信息：气味数据（http：//chemconnections.org/Smells/2-Phenylethanol.html）提供了香料化合物的天然存在信息、香韵特征以及化合物的 3D 模型等。

在网络数据库与商业化的香精香料数据库软件外，香精香料数据手册也是重要的信息资源。例如，《调香术》（第二版）中共列出了 L000 多种常用香料的“三值”和“气味 ABC 值”。“三值”表中依次列出了香料的香比强值、香品值、留香值和综合分。“气味 ABC 值”是一套香气描述值，将各种香气归纳为 26 种香型，按英文字母从 A 到 Z 排列。《调香术》的作者在此基础上又加了 6 个气味，总共 32 个字母表示自然界“最基本”的 32 种气味。此书中按 C（橘）、F（果）、I（鸢）、R（玫）、M（铃）、J（茉）、O（兰）、G（青）、B（冰）、N（麻）、Ca（樟）、K（松）、W（木）、1（芳）、S（辛）、H（药）、T（焦）、P（酚）、Y（土）、Br（苔）、Mo（霉）、D（乳）、Ac（酸）、E（食）、Ve（菜）、Z（溶）、

Fi（腥）、U（臊）、X（麝）、Q（膏）、A（脂）、V（豆）对各种香料的气味进行了“量化”描述。《调香术》还列出了一些常用香料在特定实验条件下在不同色谱柱上的保留时间或保留指数，此外该书还提供了多种天然香料的色谱指纹图谱，以供读者参考。

《香料香精辞典》共收集了有关香精香料方面的词目5200余条。概念性条目着重解释其含义。如：阿登过江藤花油（African peppermint flower oil）又名非洲薄荷花油，天然香料，由阿登过江藤花蒸馏而得，资源不多，用于日化香精的配制。“巴黎”（Paria）一种名牌香水的商品名，现已成为一种经典香型，头香为含羞草、天竺葵、山楂、金合欢；体香为玫瑰、紫罗兰、鸢尾花；基香为檀香、琥珀、麝香。性质性条目介绍了中文名、英文名、分子式、结构式、香气、味道、性质、制法和应用等内容。如：氨基苯甲酸环己酯（cyclohexyl anthranilate）又名2-氨基苯甲酸环己酯，FEMA编号2350，苍黄色液体，微弱橙花样香气，有甜的葡萄样的水果味道，分子式为$C_{13}H_{17}O_2N$，分子量为219.28，沸点为318℃，相对密度d_{20}^{26}为1.018。不溶于水，溶于乙醇。

《香精配方手册》分为三部分，第一部分以表格的形式集中、简要地介绍了1630余种常用香料的香味特性和应用建议。例如：甲氧基吡嗪。香味特征：咖啡、坚果香味。应用建议：烤香、水果、坚果、咖啡、可可等食用香精。结合作者多年从事香料、香精教学科研的经验，在广泛调研的基础上，第二部分和第三部分根据香型分类．分别汇集了日用香精和实用香精配方共约2300个。

《新合成食用香料手册》收录了FEMA专家组1975—2002年公布的GRAS物质FEMA3445～FEMA4023的合成香料和其他单体物质572个，2003年公布的FEMA4024～FEMA4068作为附录收入。作者以FEMA公布的数据为基础，并以美国“Fenaroli’s Hendbook of Flavor ingredients”[①]，美国Gerard Mosciano等四位调香师发表在“Perfume&Flavorist”杂志上的“食用香料的感官特征”和荷兰TNO营养和食品研究部门编辑的《食品中的挥发物（定性和定量数据）》为主要参考资料，广泛收集了世界许多香料公司的产品规格和其他资料，介绍了这些化合物的理化规格、香气特征、味觉特征、天然存在、应用范围、安全用量和其他相关信息。

《香精概论——生产、配方与应用》一书对1600多种常用香料的名称、香味特征、应用建议和安全管理情况进行列表。例如：名称——1，1-二甲基苯丙醇，香味特征——清甜花香，应用建议——花香型香精协调剂，风信子、铃兰、茉

① 《Fenaroli’s食用香料手册》（第四版）

莉、紫丁香等日用香精。名称——乙酸月桂烯醇酯，香味特征——甜的、柑橘、花香、药草香气，应用建议——柑橘、花香、古龙、薰衣草等日用香精。还列出了中华人民共和国国家标准 GB-2760—1996 允许使用的食品用香料品种名单共 574 种（其中包括天然香料 140 种和合成香料 434 种）和暂时允许使用的香料 163 种，以及 1997—2005 年依次新增的允许使用的食品用香料共 705 种。列表包括：序号，中文名称和 FEMA 号。此外。此书还收录了 286 种香料在水中的香气/香味阈值。列表包括 FEMA 号、中文名称、香气阈值和香味阈值（单位：μg/kg）。例如：FEMA2127，中文名称——苯甲醛，香气阈值——350～3500，香味阈值——1500。

参考文献

[1] 孙宝国，郑福平，刘玉平．香料与香精 [M]．北京：中国石化出版社，2000.

[2] 李明，王培义，田怀香．香料香精应用基础 [M]．北京：中国纺织出版社，2010.

[3] 文瑞明．香料香精手册 [M]．长沙：湖南科学技术出版社，2000.

[4] 汪秋安．香料香精生产技术及其应用 [M]．北京：中国纺织出版社，2008.

[5] 丁敖芳．香料香精工艺 [M]．北京：中国轻工业出版社，1999.

[6] 廖传华，黄振仁．超临界 CO_2 流体萃取技术：工艺开发及应用 [M]．北京：化学工业出版社，2004.

[7] 王建林等．当代食品科学与技术概论（第 2 版）[M]．兰州：兰州大学出版社，2009.

[8] 谢剑平．烟草香料技术原理与应用 [M]．北京：化学工业出版社，2009.

[9] [美] 加里·赖内修斯；张建勋主译．香味化学与工艺学（第二版）[M]．北京：中国科学技术出版社，2012.

[10] 黄致喜，王慧辰．现代合成香料 [M]．北京：中国轻工业出版社，2009.

[11] 林翔云．调香术 [M]．北京：化学工业出版社，2001.

[12] 毛海舫，李琼．天然香料加工工艺学 [M]．北京：中国轻工业出版社，2006.

[13] 周耀华，肖作兵．食用香精制备技术 [M]．北京：中国纺织出版社，2007.

[14] 孙宝国．食用调香术 [M]．北京：化学工业出版社，2003 .

[15] 林旭辉等．食品香精香料及加香技术 [M]．北京：中国轻工业出版社，2010.

[16] [英] 阿什赫斯特著；汤鲁宏译 . 食品香精的化学与工艺学（第三版）[M]. 北京：中国轻工业出版社，2005.

[17] 迟玉杰 . 食品添加剂 [M]. 北京：中国轻工业出版社，2013.

[18] [加拿大] 帕索斯，[美] 里贝罗；张慜等译 . 食品工程的创新：新技术与新产品 [M]. 北京：中国轻工业出版社，2013.

[19] 俞根发，吴关良 . 日用香精调配技术 [M]. 北京：中国轻工业出版社，2007.

[20] 陈少东，赵武 . 日用化学品检测技术 [M]. 北京：化学工业出版社，2009.

[21] 赵铭钦 . 卷烟调香学 [M]. 北京：科学出版社，2008.

[22] 毛多斌等 . 卷烟配方和香精香料 [M]. 北京：化学工业出版社，2001.

[23] 钟科军等 . 计算机辅助调香：研究与应用 [M]. 北京：化学工业出版社 . 2015.

[24] 刘树文 . 合成香料技术手册 [M]. 北京：中国轻工业出版社，2000.

[25] 易封萍，毛海舫 . 合成香料工艺学（第 2 版）[M]. 北京：中国轻工业出版社，2016.

[26] 于军，和承尧 . 大马酮类香料的合成方法 [J]. 云南化工，1991(Z1).

[27] 黄光斗，徐涛 . 大马酮香料的合成研究进展 [J]. 化工时刊，2001(03).